水利工程水库治理
料场优选研究与工程实践

丹建军　著

黄河水利出版社
·郑州·

内 容 提 要

料场和施工组织的工程实践是水利工程中的重要组成部分,直接关系到施工总体布置格局、工程质量和建设工期,对工程建设具有重要的现实意义。本书根据两座水库在不同地区所面临的料场实际情况(土料场、砂石料场和块石料场),分别选取不同的影响要素,建立层次结构模型,运用模糊综合评价法对两座水库的土料场、砂石料场和块石料场分别进行了计算、分析和优选,进而给出了不同水库各料场的最优方案和次优方案。基于上述分析,将上述方法运用于施工组织方案的优选,进而给出了最优的施工组织方案和次优的施工组织方案,分析方案与工程实践较为符合,上述方法分析较为合理、准确,为水库治理料场优选与工程实践决策提供了理论依据和实践参考。

本书可供水利水电工程设计、施工和管理等相关领域的科研人员、工程技术人员参考,也可供工程类相关专业本科生、研究生的学习使用。

图书在版编目(CIP)数据

水利工程水库治理料场优选研究与工程实践/丹建军著. —郑州:黄河水利出版社,2021.6

ISBN 978-7-5509-3005-6

Ⅰ.①水… Ⅱ.①丹… Ⅲ.①水利工程-水库治理-贮料场 Ⅳ.①TV697.3

中国版本图书馆 CIP 数据核字(2021)第 119502 号

组稿编辑:简群 电话:0371-66026749 E-mail:931945687@qq.com

出 版 社:黄河水利出版社 网址:www.yrcp.com

地址:河南省郑州市顺河路黄委会综合楼 14 层 邮政编码:450003

发行单位:黄河水利出版社

发行部电话:0371-66026940、66020550、66028024、66022620(传真)

E-mail:hhslcbs@126.com

承印单位:广东虎彩云印刷有限公司

开本:787 mm×1 092 mm 1/16

印张:6.75

字数:150 千字

版次:2021 年 6 月第 1 版 印次:2021 年 6 月第 1 次印刷

定价:39.00 元

前　言

随着我国经济建设发展突飞猛进,我国水利项目工程投资巨大,新建了很多大型、特大型水利工程,还在全国开展了对已建水利工程的治理和除险加固工作。随着新时期人民生活水平的不断提高,水利工程加固治理不断深入,从优化设计、高质量的工程建设、优化的工程管理和优美的工程环境维护等方面对水利工程提出了更高的要求,水利工程水库除险加固治理是水利工程中的一项重要工作,受国家环境治理的需要,水库治理过程中的料场选择及施工组织等工程实践对水库治理工程尤为关键,关系到水库治理工程的质量、治理效果、施工进度、效率和工程环境的一系列问题,因此水库料场选择及施工组织的合理制定是水利工程的重要组成部分,直接关系到施工总体布置格局、工程质量、成本、工期和社会效益、经济效益等,因此料场优选和施工组织优化的研究具有现实意义和工程实践参考价值。

对于水库除险加固工程,建筑材料的保障供应和环境保护显得尤为重要;为了满足工程施工对设计、施工质量、进度、环境保护和恢复等要求,高质量、高效率地完成水库治理任务也是重中之重。但由于工程建成多年,周边环境已与建设时期有重大变化,水库治理工程需要的当地料场与原水工建筑物相比较少,在设计阶段难以引起高度重视,其征地范围不明确,造成加固工程建设被动,需要根据水库治理工程建设要求、调查和筛选周边可能料场,并根据生态环境和建筑物布置情况等因素,根据料场的储量、质量、单价、运距以及环境保护要求等,对料场进行优选,确定满足工程施工需要、经济合理的料场规划方案。因此,水库治理过程中的料场选择是否合理,是建设工期能否缩短、施工是否安全方便、建设费用能否降低的关键因素。

水利工程中的施工组织是根据批准的建设计划、设计文件(施工图)和工程承包合同,对土建工程任务从开工到竣工交付使用,所进行的计划、组织、控制等活动的统称,对施工起到引导作用,贯穿整个施工过程,同时还要对工程建设做出总体布置。因此,施工组织设计需要进行科学编制,用于指导施工的技术纲领性文件,通过优化的施工组织,着眼于工程施工中关键工序的安排,使之有组织、有秩序施工的组织,可以合理地使用人力和物力、空间和时间,较优地投入人力、设备和资金,实施有效工程建设,是对工程施工实施时进行的全面施工组织管理,施工组织包含的内容比较复杂,涉及工程建设的各个环节,可以有效保障施工质量、安全和效率、人力资源和施工技术实施等,指导施工有序开展,确保工程的建设质量和效率。因此,施工组织的优选研究对工程建设很重要。

从国内外学者采取的优选分析方法来看,使用的研究方法多样且各有优缺点,得到的结果也在一定程度上指导了施工,对生产实践有很大的帮助,但是从分析方法的研究现状来看,其方法使用较单一,优选结果在现有的基础上可以进一步的优化,多种分析方法的使用对料场优选和施工组织单位的选择会有更加准确、合理的解释,其中层次分析法和模糊综合评价法及其综合方法得到广泛应用,效果比较好;但应用于水库料场和施工组织优选的文献比较少。

目前,在水利工程料场优化研究中,单一方法使用较多;料场优化选择时考虑的要素存在地区差异性,在进行要素选择时要充分考虑当地的实际情况,选择适合的影响要素;但目前关于施工组织优化的研究较少。

本书从工程实践出发,基于创新性和原创性,综合运用层次分析法和模糊综合评价法,对水利工程中水库治理的料场和施工组织进行优选,根据工程实际情况,分别考虑影响料场的主要因素,进行分析和比较,并制定料场优选原则和评价标准,依据不同实际工程中的各个土料场、砂石料场和块石料场,分别建立相应层次结构模型,并进行分析计算,分别优选出土料场、砂石料场和块石料场;同时对不同的施工组织进行了比较分析,给出了优化后的施工组织。上述研究已经成功应用于水库治理的工程实践中,获得了较好的经济效益和社会效益。

全书共分4章,第1章主要是本书的研究意义和发展现状和意义;第2章是优选的方法和理论;第3章是工程实践案例,根据不同工程的实际情况,分别对土料场、砂石料场和块石料场进行了优选,并对施工组织进行了优化分析;第4章是结论与展望。

本书在写作过程中,得到张占强教授级高工、成益洋高工、马方方工程师等同仁的帮助和支持,在此深表感谢!

本书基于工程实践经验基础上,对水利工程中水库治理料场和施工组织进行了分析和优化,可以供水利水电工程设计、施工和管理等相关领域的科研人员、工程技术人员参考,也可供工程类相关专业本科生、研究生学习使用,书中可能存在一些不足,恳请读者批评指正。

作　者

2021 年 4 月

目　录

第 1 章　研究现状和进展

1.1　引　言

　　料场选择作为工程建设的重要组成部分，在水利水电工程中占有重要地位，其方案选择的合理与否，不仅关系到工程建设所用建筑材料的质量和经济性及供应的可靠性，而且直接影响材料运输、砂石骨料加工厂的设置等施工总布置问题。对一个待建的水利水电工程而言，通常有多个料场方案可供选择，各方案都有各自的优缺点，这给决策者的选择带来一定困难。一般料场方案选择采用数学规划与专家经验相结合的方法，带有一定的主观任意性。实际料场方案选择是一项牵扯多属性、多目标的系统工程，不仅涉及储量、造价这类明确的定量属性，还涉及环境、社会等带有模糊性的属性。常规方法如平衡法、系统分析法一般选取影响料场方案选择的最主要的几项属性（如储量、运距、采运费用等）进行分析比较，对于其他属性尤其是模糊性属性（如协作条件、施工干扰度等）较少考虑，所以可能产生不合理的选择结果。另外，在以往研究中，往往以经济效益最大为目标，忽略社会效益和生态效益，易造成生态环境破坏和资源浪费。因此，有必要寻找出更加合理的料场方案选择方法，实现技术、经济、环保和社会综合效益的最大化。

1.2　研究的意义

　　当前，大型工程特别是水利工程所需要的建筑材料量都很大，在工程前期，科学合理地规划周边料场至关重要，这不仅影响到工程工期、预算，而且还影响到工程质量，所以对工程周边料场的选择要足够重视。料场的规划选择是混凝土坝施工组织设计中的重要环节。在混凝土坝为主体工程的水利水电工程中,骨料的用量通常都是比较大的,大坝的造价在很大程度上取决于骨料的成本,而骨料的成本又取决于料场的选择及相应的采、运、加工等施工方案并直接影响整个工程的投资。在三峡工程混凝土工程总量达 2 800 万 m^3,加上临时混凝土工程量,将达 3 000 万 m^3,需砂石料总量达 6 000 万 t。如果每吨砂石料成本能节约 1 元钱,将节省工程投资数千万元。由此可见,工程对砂石料的料场选择十分重要。混凝土坝施工的工期较长,在施工过程中各期对骨料的需求量、级配要求和质量要求也各不相同,骨料产地实际开采的情况与勘测设计阶段预期的情况也会存在着某些差异,如何在施工实践中修改与调整,也需要一个快速准确的计算方法。

水利工程的建筑施工材料大多采用自行开采,对于新建工程的料场选择,在进行勘测、规划及设计阶段已经有初步的料场规划方案。在进行施工准备阶段,大多已进行料场范围的征地及补偿。对于水库除险加固工程,由于工程建成多年,周边环境已与建设时期有重大变化,加之工程需要当地材料量与原水工建筑物相比较少,在除险加固设计阶段没有引起高度重视,除险加固工程的征地范围不明确,造成加固工程建设被动。

矛盾论指出:矛盾是对立统一的,主要矛盾与次要矛盾又是可以转化的。解决好主要矛盾可以解决主要问题,同时,次要矛盾的解决可以为主要矛盾的解决创造有利条件。在除险加固工程设计中,主要矛盾是解决水利工程存在的病险问题,施工阶段的主要矛盾是工程能否按设计要求、设计质量进行施工;但是工程能否如期保质保量地完成任务,建筑材料的保障供应就成了主要矛盾。因此说,料场选择合理与否,是关系到工程建设工期能否缩短、施工是否安全方便、建设费用能否降低的关键因素,也就是说,料场位置的选择直接关系到施工总体布置格局。为此,在设计和招标阶段,应特别重视料场选择,进行多种可行料场的优化研究,对工程建设特别是水利工程除险加固具有重要意义。

根据基本建设管理体制、沿线可能料场、生态环境和建筑物布置情况等因素,对料场选择进行多方案比较,确定满足工程施工需要、经济合理的料场规划方案。

1.3　国内外研究现状与进展

1.3.1　分析方法研究现状

　　早期的优化理论与方法大都是以局部系统为研究对象的,称之为局部优化。然而,无论是建设项目,还是经济生活都是一个有机的整体,必须研究与之相适应的整体优化理论与方法。在实际工作中,在需要考虑多方面因素的情况下,决策者很难做出决定,这就需要决策者具备科学的头脑,利用科学理论与实践去分析各种因素,从而做出决定。同样,在水利工程中对料场和施工组织单位的最优选择也需要科学、合理的分析方法进行决策,常用的方法有熵权法、层次分析法和模糊综合评价法等。对此,国内外学者进行了大量的研究。

　　Pratap S 等在料场之间的调度上做出了算法上的优化,为实际工程中不同料场之间物料调度减少了运输成本和时间。

　　安利平等根据优化选择问题中描述决策对象和方案的属性是否具有优劣顺序,将多属性决策划分成多属性分类决策和多准则分级决策两大类;马云东等、况礼澄等,王玉浚采用运筹学、模糊数学以及计算机模拟等方法,建立了相应的数学模型,通过系统分析的方法对料场优选进行研究,得到相对较好的料场规划结果,并且对于一些技术上的差异所产生的经济效果给出了建议。

　　徐泽水等提出了判断矩阵排序的一类新方法——广义最小平方法(GLSM),并研究了其优良性质,同时给出了收敛性迭代算法和仿真实例;吴祈宗等从层次分析法的应用背景出发,通过研究判断一致性矩阵与满意一致性矩阵的差异,改进判断矩阵的一致性,对层次分析法的科学运用具有重要意义。

　　梁杰等针对多目标决策中评价指标权系数的确定问题,在分析现有两大类方法主观赋权法和客观赋权法优缺点的基础上,提出一种以层次分析法、专家调查法与误差逆传播神经网络技术(BP 网)相结合的综合分析方法。

　　吴文平等运用线性规划原理建立数学模型,以运输单价、开采单价、填筑料用料、总费用建立目标函数,以料场的储量、填筑需要量为约束条件,最终获得乌江洪家渡面板堆石坝的最佳料场。

李刚等提出熵权与模糊理论相结合的砂石料场方案优选方法,重点对标准化属性矩阵的产生、主客观权重结合得到综合权重及相对接近度的计算等几个方面进行了说明,并通过实例验证了该方法的可行性与实用性;左永林等引入模糊数学方法,将定性指标定量化并结合具体工程施工设计,采用模糊综合评价模型进行分析比较,获得了相对最优的开采方案。

刘凌霞研究了粗糙集理论在决策表离散化中的应用,提出了一种基于粗糙集理论属性重要性的决策表离散化算法,从属性重要性角度出发,结合决策表相容关系的特性,提出了相应的解决算法;文宁根据三种料源组合成的四种骨料方案,采用统一的混合整数数学模型表示,通过对数学模型求解得出最优的料场。

朱波等通过实例介绍了层次分析法的实际使用过程,建立计算模型,概述了评价的定义、特点,着重叙述了层次分析法在水利水电工程后评价中的应用;王力平以一拆建安置工程的风险管理为例,运用模糊层次分析法对其进行投标阶段的风险分析和评估,论证了该方法在实际工程投标阶段中具有较好的实用性和操作性。

叶珍将层次分析法和模糊综合评价法的优点结合起来,通过层次分析法确定子目标和各指标权重,采用多层次模糊综合评价法对教学质量进行了评价;卢文喜等为了避免层次分析法中人为主观性对水质评价结果的影响,提出了层次分析法与模糊综合评价相结合的水质评价方法,利用层次分析法确定各评价指标的权重,采用模糊综合评价法进行水质评价。

申志东通过分析层次分析法在构建国有企业绩效评价体系中的比较优势,详细阐述层次分析法在构建企业绩效评价体系中的实际应用过程,对层次分析法如何构建国有企业绩效评价体系进行了全面的分析;吴后建等用层次分析法和熵权法,选择了5个方面的15个指标,构建了国家湿地公园保护价值评价指标体系,对湖南省60个国家湿地公园进行了评价。

2018年,在白鹤滩水电站料场补充开采规划优选设计中,丁晓唐等对白鹤滩水电站的3个补充开采规划方案采用线性加权和法进行多目标方案分析,通过对不同评价指标进行分析计算得出最优方案。

郑玉萍等分别采用层次分析法和模糊综合评价法对天津市节水水平进行了分类评价;李嘉第利用基于层次分析法的模糊综合评价法对海口市节水型社会建设试点进行后评价;马海滕利用层次分析法和模糊综合评价法对长三角城市群主要活动断裂与地壳稳定性进行了评价。

从上述国内外学者采用的优选分析方法来看,使用的研究方法多样且各有优缺点,得到的结果也在一定程度上指导了施工,对生产实践有很大的帮助。但是从分析方法的研究现状来看,其方法使用较单一,优选结果在现有基础上可以进一步地优化,多种分析方法的使用对料场优选和施工组织单位的选择会有更加准确、合理的解释。

1.3.2　主要考虑要素研究现状

在水利工程中,料场的选择尤为重要,料场的选择会直接影响到整个项目的进度、费用。目前国内大多数水库在建设的过程中,对于料场的选择是根据几个主要的影响因素建立评价模型,最终选出最佳料场。

Chiang Kao 等从料场的储量、地理位置、使用量和施工效率四个影响要素考虑,提出了一种多准则方法,利用不同准则之间的相互平衡,解决了料场选取的问题;赵世隆从建设工期、建设费用、运输线路、施工安全、运行稳定度五个要素考虑,进行了很多研究工作,最终确定了混凝土骨料毛料场的位置;刘淑芳等根据现场地形地质条件、质量分析、开采运输条件、征地费用、加工方案建立评价模型,选出最佳的料场位置;谭建平从料场储量、骨料质量、开采条件、运输方案可靠性、经济性五个方面对向家坝水电站的新滩坝砂岩料场、双河灰岩料场、太平灰岩料场、天然砂石料场进行了对比分析,最终选择以太平灰岩料场为最佳料场;孙萍等从储量、质量、开采条件、运输条件、方案总费用五个要素考虑选择料场达到了充分利用当地材料、降低工程造价的目的,保证了工程的顺利建设;李太成等从储量、强度、原岩性能、是否易于加工、开采运输是否合理五个要素考虑,制订了大型水电工程混凝土骨料料源的选择方案;包俊等根据龙开口水电站现场的开采条件、料源岩性、砂石加工系统与混凝土生产系统的布置及交通条件选择出最佳的料场;王团乐等根据交通、地形和地质条件,对乌东德水电站坝址周围 20 km 范围内的 10 个骨料场进行了研究比选,最终确定了理想的混凝土骨料料场;张慧霞根据玉瓦水电站附近的地质条件挑选出 3 个适合做料场的场地,再对 3 个料场的料场储量、经济性、料场石材的质量、料场的稳定性进行对比分析;刘淑芳等从储量、质量、开采条件、地理位置和运输方式五个要素考虑,对左岸尖山料场和右岸马破石料厂进行综合比较,最终确定了最优的料场方案;丁晓唐等为解决白鹤滩水电站料场有用料储量不足的问题,结合了现场的地质条件、开挖面貌、扩挖时机、施工条件、经济性等因素,选出了 3 个料场作为备选方案,对 3 个料场的用料储量、扩挖时机、经济性进行线性加权和法运算,最终选出最佳的料场;胡宇峰等从征地移民、交通运输、生态环保、工程投资及工期影响等五个要素考虑对初设阶段大田嘴料场和库内料场进行了对比分析,最终选择库内料场作为工程料源地。

国内外学者从不同角度,考虑不同的要素对料场进行了选择,从目前的研究现状来看,考虑的要素存在地区差异性,因此在进行要素选择时要充分考虑当地和工程建设的实际情况,选择适合的影响要素。

1.3.3 工程施工组织分析研究现状

水利工程的建设是一项投资规模大、建设周期长、涉及多专业的系统工程。施工过程,即是将设计图纸进行物化的过程。料场开采的过程中受自然地形、地质水文、气象条件影响,同时还会受到成本、技术的制约。因此,工程施工实施时进行全面的施工组织管理,有着十分重大的技术经济意义。

伍柏华认为施工组织设计应该考虑施工条件、施工导流与施工进度、料场选择与开采、主体工程施工和施工交通运输;2009 年,舒展强结合武都水库工程料场的实际地形状况以及地质条件,为料场的开挖顺序、运输方式、爆破方式和爆破网络设计、施工道路的布置、爆破飞石和爆破控制滚石提供了最优的解决方案。2010 年,张同港等结合杨东河水利枢纽大坝的特殊的地理位置以及地质条件设计出有效的"之"字形道路方案,使设备通达料场顶部,为料场开采提供了有力的保障,同时,为料场的开采制订了最优的爆破方案,为料场的开挖顺序以及石料运输设计出最优的方案。

涂祖卫、王宗海认为水利工程施工组织设计的重点是加强对网络技术的引入,采用新工艺、新材料、新技术,技术经济分析,提高工作人员的素质,严把层级关,扩大施工组织设计的深度与范围;马志民认为施工组织设计要对施工起到引导的作用,要贯穿整个施工过程,同时还要对工程建设做出总体布置。

从我国现阶段的水利水电工程施工管理模式可以看出,施工单位负责解决以及处理水利水电工程施工组织设计环节和施工管理环节所出现的问题,施工企业还要负责组织和安排施工人员,在施工过程中投入人力、设备、资金。因此,施工企业不仅要做好组织设计工作,还要做好管理和指挥工作,确保水利水电工程项目能够按照计划、有条不紊地开展。

工程施工组织优化设计可以通过合理安排施工内容、人力资源和施工技术,指导施工有序开展,确保工程的建设质量和效率。将组织设计贯穿于工程选址、枢纽布置、造价控制和施工质量控制等内容中,可以有效协调水利工程的各个环节,落实质量、安全的控制工作,有利于提升工程的经济效益和社会效益。

1.3.4　主要存在的问题

(1)在水利工程料场优化问题中方法使用较单一,优选结果在现有基础上可以进一步地优化,多种分析方法的使用对料场优选会有更加准确、合理的解释。

(2)料场优化选择时考虑的要素存在地区差异性,在进行要素选择时要充分考虑当地的实际情况,选择适合的影响要素。

(3)施工组织优化可显著提高工程的经济效益和社会效益,但目前关于施工组织优化的研究较少,如何从科学合理地评价施工组织水平,选择合适的施工组织单位是亟待解决的一项难题。

第 2 章　优选理论和方法

2.1　优化选择理论

2.1.1　优化选择

优化选择就是将实际问题转化为最优化问题,选取适当的最优化方法,然后利用电子计算机从所有满足要求的可行性选择方案中自动寻找出能够实现预期目标的最优选择方案,从而有助于工程项目决策的优化。优化选择首先要将实际问题转化为数学模型,根据其特性,选择某种适当的优化计算方法及程序,然后通过计算机求得最优解。建立数学模型和运用优化计算方法及程序,是优化选择的主要内容。其中基本要素包括选择变量、约束条件和目标函数,是优化选择建立数学模型的三个基本要素。

(1)选择变量。是指可作变量处理的独立参数,其数目被称为该问题的维数,可用一个 n 维列向量表示 $\boldsymbol{Y}=[Y_1,Y_2,\cdots,Y_n]^{\mathrm{T}}$,$Y^{(1)}$,$Y^{(2)}$,$\cdots$,$Y^{(k)}$ 表示有 k 个不同的选择方案,由第 k 个选择方案,经过一次选择修改,取得第 $k+1$ 个选择方案,有:

$$Y^{(k+1)} = Y^{(k)} + \alpha S^{(k)} \qquad (2-1)$$

式中:$S^{(k)}$ 为定向修改选择的单位方向;α 为步长。

(2)约束条件。优化问题分为两大类,即无约束最优化问题和有约束最优化问题。对选择变量的取值加以某些限制条件,称为约束条件或设计约束。

约束条件从数学表达式上可分为不等式约束和等式约束两种,用选择变量的数学函数分别表示如下:

不等式约束　　　$g_u(Y) = g_u(Y_1, Y_2, \cdots, Y_n) \geqslant 0$　　　(2-2)

等式约束　　$h_u(Y) = h_u(Y_1, Y_2, \cdots, Y_n) = 0$　　$(u = 1, 2, \cdots, n)$　(2-3)

凡满足所有约束条件的选择点为可行点，其在设计空间中可能的活动范围，即可行选择区域或者可行域。

在可行选择点 $Y^{(k)}$ 处，如果有 $g_u[Y^{(k)}] = 0$，则该约束 $g_u[Y^{(k)}]$ 称为可行点 $Y^{(k)}$ 的起作用的约束，否则为不起作用的约束。对于等式约束 $h_u(Y) = 0$，在任一可行点处都是起作用的约束。

（3）目标函数。评价优化方案的标准应该是在选择中能够最好地反映出该项选择所要追求的某些特定目标。通常，这些目标可以表示成选择变量的数学函数，即目标函数。记作 $f(Y) = f(Y_1, Y_2, \cdots, Y_n)$。

最优化选择就是要在可行域集合内寻找一个最优点 Y^*，使目标函数值最优，通常是最小值：

$$f(Y^*) = \min f(Y) \quad Y \in D \subset R^n \qquad (2-4)$$

最优化问题的数学模型：

$$\min f(Y), \quad Y \in D \subset R^n \qquad (2-5)$$

式中：D 为 $g_u(Y) \geqslant 0 (u = 1, 2, \cdots, m)$；$h_u(Y) = 0 (u = 1, 2, \cdots, n)$。

若目标函数 $f(Y)$ 和约束条件 $g_u(Y)$、$h_u(Y)$ 都是选择变量的线性函数，称为线性规划问题，当其中有一个或多个是设计变量的非线性函数，则称为非线性规划问题。

2.1.2　常用的优化方法

目前采用的优化方法主要有专家评判法、灰色系统理论、综合指标法、模糊综合评价法和层次分析法等方法。

2.1.2.1　专家评判法

专家评判法是出现较早且应用比较广的一种评价选择方法，它通过定量和定性的分析，以打分等方式做出定量评价分析，其结果具有数理统计的特性。其最大的优点是可以定量估计统计数据和不足的原始资料。其主要步骤是：首先要选定评价对象的指标体系，并且对每个评价指标划出不同的评价等级，用分值表示每个等级的标准；然后由专家把这作为基准，对所要评价的对象进行分析并评价，对各个指标的分值进行确定；最后采用加法评分法、乘法评分法或加乘评分法等方法求出各评价对象的总分值，进而分析并得出评价结果。专家评判法主要受参与评价的专家的工作经验以及专业知识的广度和深度影响，所以参加评价的专家的学术水平和丰富的实践经验对评价的准确程度影响很大。总地来说，专家评判法具有直观性强、使用简单的特点，但其系统性和理论性仍有不足，有时对评价结果的客观性和准确性的保证比较困难。

2.1.2.2 灰色系统理论

灰色系统理论是我国学者邓聚龙教授于 1982 年创立的，该方法侧重于研究信息贫瘠且不确定的问题。灰色系统理论以"贫信息"的不确定性问题为研究对象，主要通过对已知的有价值信息的提取，广泛应用在系统演化规律、运行行为的正确描述和有效监控中。在社会、经济、生态、生物等许多系统中，按照其研究对象所属的领域或范围命名，而在灰色系统里，则是按颜色命名的。在控制论中，信息的明确程度常用颜色的深浅程度来表示，例如艾什比（Ashby）用黑箱（Black Box）来表示内部信息未知的对象，这种称谓已经达到广泛的应用。我们用"白"表示信息完全明确，用"黑"表示信息未知，用"灰"表示部分信息明确、部分信息不明确。相应地，信息完全明确的系统我们称为白色系统，信息未知的系统我们称为黑色系统，部分信息明确、部分信息不明确的系统我们称之为灰色系统。

2.1.2.3 综合指标法

综合指标法是指运用各种综合统计指标，从具体数量方面对现实社会经济总体的规模及特征所进行的概括和分析的方法。在大量的观察和分组基础上计算出综合指标，基本排除了总体中偶然因素的影响，能够反映出普遍的、决定性条件的作用结果。综合指标法使用三种指标，即总量指标、相对指标和平均指标，或简称为绝对数、相对数和平均数。

模糊综合评价法和层次分析法相结合，作为方案优化，使用很广泛。

2.2　模糊综合评价法

2.2.1　基本理论

模糊综合评价法诞生于 1965 年。20 世纪 80 年代,日本将模糊技术应用于机器人、过程控制、地铁机车、交通管理、故障诊断等多个领域,带给西方企业很大震动。国内对模糊综合评价法的研究起步较晚,但近几年模糊综合评价法在施工安全中的应用越来越多。它能解决模糊的概念难以量化的难题,把定性的评价转化为定量的评价,结果清晰、系统性强,所以运用越来越广,也越来越充分。

模糊综合评价法是借助模糊数学的理论,根据最大隶属度的原则及模糊变换,通过设置权重来描述不易定量的各因素重要性,并运用构建数学模型,对具有多种属性的事物,或者说其总体优劣受多种因素影响的事物,做出一个能合理地综合这些属性或因素的总体评判。模糊综合评价法是从多个因素对被评价事物隶属等级状况予以综合性的评价,实现了定性分析,避免了因为信息模糊性而带来的评价结果不符合实际情况。单独从一个因素出发进行评价,以确定评价对象对评价集合的隶属程度,即为单因素模糊评价。

在复杂的系统中,考虑的因素多,而且各因素之间有层次之分,为了得到符合实际的评价标准:首先需要构建层次结构模型,确定一级指标和二级指标,设定评价等级,确定各个指标的权重;然后根据隶属度计算,各指标进行隶属度得分,以此得到评价矩阵;再运用模糊综合计算,得到各个指标的评价矩阵;最后根据最大隶属度原则,得出研究目标的选址综合评估结果是优秀,该评估结果符合实际情况。该方法的优势是评价效果一目了然,整体性比较高。

2.2.2　计算步骤

运用模糊综合评价,需要根据指标体系的层级将指标集分为几类,按照从低到高的指标层级对每一类指标做出评判,逐层评价。计算步骤如下所述。

(1)确定评价指标集 U 和评价标准集 V。

用集合的形式表示评价样本,确定评价指标集 U, $U = (u_{ij})_{m \times n}$,其中 m 为评价指标的数量,n 为样本点个数。

评价标准集 V 是按照相关评价标准确定组成的集合,以四级评价标准等级为例:$V = \{V_1, V_2, V_3, V_4\}$。

(2)计算隶属度 e,构建模糊判断矩阵 $\boldsymbol{E}$。

隶属度的计算需遵从以下几点计算标准:

针对越大越有利的正向指标和越小越有利的逆向指标的计算方法不同。

正向指标的隶属度计算公式如下:

$$e = \frac{u_i - h_{\min}}{h_{\max} - h_{\min}} \times \Delta p + p_{\min} \tag{2-6}$$

负向指标的隶属度计算公式如下:

$$e = \frac{h_{\max} - u_i}{h_{\max} - h_{\min}} \times \Delta p + p_{\min} \tag{2-7}$$

式中:u_i 为要素层值;$h_{\min}$ 为每一级别评价标准的最小值;$h_{\max}$ 为每一级别评价标准的最大值;Δp 为评价标准等级差值,$\Delta p = 0.25$;$p_{\min}$ 为四级评价标准等级的最小得分值,分别取 0、0.25、0.50、0.75。

通过单因素对评价等级模糊子集隶属度的计算,构建模糊评价矩阵 $\boldsymbol{E} = (e_{ij})_{m \times n}$。

(3)构建权向量。

通过熵权–层次分析耦合法确定各评价指标的权重 ω_i,构建权向量 $\boldsymbol{W} = (\omega_1, \omega_2, \cdots, \omega_m)$。

(4)模糊综合评价。

进行模糊综合运算,公式如下:

$$\boldsymbol{F} = \boldsymbol{W} \cdot \boldsymbol{E} \tag{2-8}$$

式中:$\boldsymbol{F} = (f_1, f_2, \cdots, f_n)$。

2.2.3 模糊综合评价法的应用

在应用模糊综合评价法解决实际问题时,能够有效地解决模糊的概念难以量化的难题,把定性的评价转化为定量的评价,结果清晰、系统性强、运用领域广、综合评价性高。主要应用在以下多个领域：

（1）风险评估：项目风险投资评价指标研究、公司财务风险预警研究、移动支付的风险评价。

（2）适应性评价：盾构机挖掘进度适应性评价。

（3）水平评估：建筑施工安全管理员职业素质评价、水生态文明城市建设评估、绿色供应链中管理绩效研究、农旅融合度分析。

（4）稳定性评价：厂房基础工程稳定性评价、滑坡稳定性评价。

（5）优化评估：柴油车排放控制技术评价、城市轨道交通自动售检票系统更新项目后评价、岩体质量分级的改进评价、电铲混煤方案优化应用等。

2.3　层次分析法

2.3.1　基本理论

层次分析法（Analytic Hierarchy Process，AHP）是 20 世纪 70 年代由美国运筹学家 T. L. Saaty 教授提出的一种简便、灵活而又实用的多准则决策方法，是一种分析解决复杂的经济、政治、技术、社会等问题的方法，具有系统性、综合性、简便性、准确性等特点。层次分析法是一种定性与定量相结合的、系统的、层次化的，针对复杂、模糊问题决策的分析方法，尤其适用于难于完全定量分析的问题，在处理复杂的决策问题时，通过将问题分解为不同层次结构，进行层次化分析，计算、分析、比较各方案层的权重，对方案层的各要素进行优劣等级排序，并据此选择最优方案，为决策者提供较为准确、可靠的理论依据。

层次分析法是假设系统内部各个因素之间是相互独立的，而且每一个层次都采用严格的层次结构，使得它在各因素之间的复杂关系中能够反映复杂的决策问题。实际生活中，从事各种职业的人都会面临决策，营养师要针对不同的人群搭配不同的食物；各项团体竞赛中如何搭配人员才能使整个团体的每个人发挥极致，各部门行政官员要对人口、经济、社会治安、环境等领域的发展规划做出决策才能使当地政治、经济、文化快速稳健发展。面对诸多需要考虑的客观因素或主观因素时，许多人都无从下手，要在众多备选方案中挑选最佳方案,这就给决策者带来了困难。然而,在做比较判断评价决策的时候,许多要考虑的因素的优先程度往往难以量化,人的主观选择(当然要根据客观实际)会起着相当重要的作用,这就给用一般的数学方法解决实际问题带来了本质上的困难。

应用 AHP 分析决策问题时,首先要将问题层次化,通过将复杂问题分解为有层次的元素组成部分,这些元素又按其属性及所占比重形成若干层次,即形成不同的层次结构,构造出有层次的结构模型,所建立的结构模型将上一层次的各要素对其相邻的下一层次各要素起支配作用,然后计算判断矩阵的特征向量来决定下一层次各要素对上一层次某一要素的权重,并计算组合权向量,分析方案层各要素对目标层的相对重要性,最终形成方案层各要素的优劣等级排序。

一般模型结构为三层结构模型,结构模型如下所述:

(1)目标层:该层次中只有一个元素,通常情况下为分析问题的预定目标或理想结果,因此也称为目标层。

(2)准则层:该层次为中间层,可以由若干层次组成,包含了为实现目标层主要考虑的各种要素层。

(3)指标层:该层次包括了为实现目标可供选择的各种措施、决策方案等,因此也称为方案层。

递阶层次结构中的层次数与问题的复杂程度及需要分析的详尽程度有关,一般的层次数不受限制。每一层次中各元素所支配的元素一般不要超过9 个。这是因为支配的元素过多会给两两比较判断带来困难。

2.3.2 计算步骤

2.3.2.1 建立层次结构模型

把复杂的问题层次化,然后按照预期需要达到的目标将每个层次分成不同的因素,每个因素按照它们的支配关系或隶属关系组成不同的网络结构层次。对所评价的系统建立层次结构模型,一般分为三层,上层、中层、下层分别为目标层 A、准则层 B 和方案层 C:A 层只有一个要素,为系统的总目标;B 层为描述总目标的 n 个准则 $B_1, B_2, \cdots, B_n$;C 层为描述目标层和准则层的 m 个方案。层次结构模型见图 2-1。

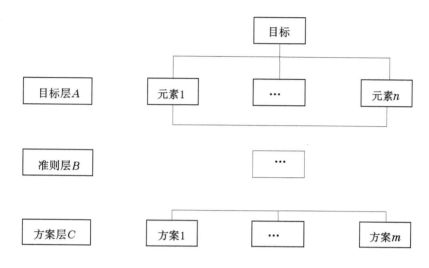

图 2-1 层次结构模型

2.3.2.2 构造两两评价判断矩阵

判断矩阵表示对于上一层次某元素,本层次所有元素之间相对重要性的比较见表 2-1。

表 2-1 判断矩阵

C_s	R_1	R_2	$\vdots$	R_n
R_1	a_{11}	a_{12}	$\vdots$	a_{1n}
R_2	a_{21}	a_{22}	$\vdots$	a_{2n}
$\vdots$	$\vdots$	$\vdots$	$\vdots$	$\vdots$
R_n	a_{n1}	a_{n2}	$\vdots$	a_{nn}

在层次分析法中,为利于比较,对于某一准则,任意两个方案的相对优越程度能得到定量的描述,即使判断定量化。一般对单一准则来说,对两个方案判断出优劣总是可以进行的,通过与各因素之间两两比较,得出它们之间的重要性(因素权重),采用 1~9 级评定标度进行描述,详见表 2-2。

表 2-2　标度含义

标度	含义
1	具有相同的重要性
3	一般重要
5	明显重要
7	非常重要
9	极其重要
2、4、6、8	两者相比,重要程度位于相邻的中值
$1/a_{ij}$	两个元素的反比较,即 T/S

判断矩阵中的元素 a_{ij} 是根据历史资料数据、有关专家的意见和分析人员的经验经过反复研究、分析后确定的。判断矩阵的个数是根据准则层和方案层的个数及各层的元素个数决定的。

对 B 层和 C 层的要素分别以其上一层次的要素为准则进行相对重要性的两两比较,得到两两比较判断矩阵,B 层的判断矩阵为

$$\boldsymbol{B} = (b_{ij})_{n \times n} = \begin{bmatrix} b_{11} & b_{12} & \cdots & b_{1n} \\ b_{21} & b_{22} & \cdots & b_{2n} \\ \vdots & \vdots & \vdots & \vdots \\ b_{n1} & b_{n2} & \cdots & b_{nn} \end{bmatrix} \tag{2-9}$$

元素 b_{ij} 表示从判断准则 A 考虑要素 B_i 对要素 B_j 的相对重要性。设 B 层要素的单排序权值为 $w_k, k = 1, 2, \cdots, n$,且满足 $w_k > 0, \sum_{k=1}^{n} w_k = 1$,有:

$$b_{ij} = w_i / w_j \quad (i, j = 1, 2, \cdots, n) \tag{2-10}$$

矩阵 $\boldsymbol{B}$ 具有的性质:①$b_{ii} = 1$;②$b_{ij} = w_j / w_i = 1/b_{ij}$;③$b_{ij} b_{ik} = (w_j/w_i)(w_j/w_k) = w_i/w_k = b_{ik}$。即具有①单位性质;②倒数性质;③判断矩阵一致性,相互关系定量传递性。

2.3.2.3　评价矩阵的一致性检验

如果通过一致性检验,进行下一步,否则,转第二步;确定同一层次各要素对于最高层(A 层)要素的排序权值并检验各判断矩阵的一致性,这一过程是从最高层次到最低层次逐层进行的。

当 $\sum\limits_{k=1}^{n} w_k = 1$ 时小于某一标准值时,可认为判断矩阵具有满意的一致性,据此计算的各要素单排序权值是可以接受的;否则就需要调整判断矩阵,再次计算,直到具有满意的一致性。

进行一致性检验需先进行归一化处理,计算 $\lambda_{\max}$。

$$h_i = \prod_{i=1}^{m} b_{ij} \quad ij = 1,2,\ldots,n \tag{2-11}$$

$$\overline{W_i} = \sqrt[m]{h_i} \quad i = 1,2,\ldots,n \tag{2-12}$$

$$W_i = \overline{W_i} \Big/ \sum_{i=1}^{m} \overline{W_i} \quad i = 1,2,\ldots,n \tag{2-13}$$

$$\lambda_{\max} = \frac{1}{m} \sum_{i=1}^{m} \frac{(DW)_i}{\omega_i} \tag{2-14}$$

2.3.2.4　计算一致性检验指标 CI

层次分析法的用途之一就是从有限多个方案中选择最优方案,判断矩阵是经过两两比较得到的矩阵,其中第 j 列是以第 j 个方案为标准对诸方案的重要性做出的判断,其中第 j 个方案的重要性为 1,比第 j 个方案不重要的方案的重要性小于 1,比第 j 个方案重要的方案的重要性大于 1,将第 j 列元素归一化后得到的向量就是对第 j 个方案而言各方案重要性的近似权重。由此可以把一个 n 阶矩阵看作各方案对不同方案 n 次重要性排序,如果这 j 次排序结果相同,则认为它具有判断一致性。

当判断矩阵具有如下特征时,其就是完全一致的。

$$a_{ii} = 1 \tag{2-15}$$

$$a_{ji} = 1/a_{ij} \tag{2-16}$$

$$a_{ij} = a_{ik}/a_{jk} \quad (i,j,k = 1,2,\cdots,n) \tag{2-17}$$

通常考察矩阵一致性的指标有三种：①一致性指标 CI；②平均随机一致性指标 RI；③一致性比率指标 $CR = CI/RI$。

当判断矩阵是完全一致时，其对应的最大特征向量就是 n（判断矩阵的阶数），这是由以下定理保证的：n 阶互反阵 A 的最大特征根 $\lambda > n$，当且仅当 $\lambda = n$ 时，A 为一致的。

由于 λ 依赖 A 中的元素 $a_{ij}(ij = 1,2,\cdots,n)$，当 λ 偏离 n 越大，矩阵 A 就越偏离完全一致性，用最大特征值对应的归一化特征向量作为权重的有效性就会降低，引起的判断就会不准确，因此矩阵偏离完全一致性的程度可以用 $\lambda-n$ 的大小来衡量，即用指标 CI 来表示判断矩阵的一致性程度。

$$CI = \frac{\lambda_{\max} - n}{n - 1} \tag{2-18}$$

判断矩阵偏离完全一致性的程度与一致性指标 CI 的值呈正比关系；一般判断矩阵的阶数 n 与人为造成的偏离完全一致性指标 CI 的值也呈正比关系。

对于多阶的判断矩阵，通常运用指标 RI，其数值等于随即产生的足够多个正反矩阵所对应的一致性指标的平均值，$n(1 \sim 15)$ 阶矩阵计算 1 000 次得到的平均随机一致性指标如表 2-3 所示。

表 2-3 随机一致性指标 RI 的值

n	1	2	3	4	5	6	7	8
RI	0	0	0.58	0.90	1.12	1.24	1.32	1.41
n	9	10	11	12	13	14	15	—
RI	1.46	1.49	1.52	1.54	1.56	1.58	1.59	—

2.3.2.5 检验一致性

经过以上步骤后可以得出各个方案的优劣，需要注意的是，在构造判断矩阵时没有要求判断具有一致性，但是判断偏离一致性太大就会对层次分析法的有效性造成影响，因此运用层析分析法需要保持思维的一致性，需要对计算结果进行一致性检验：

$$CR = \frac{CI}{RI} \tag{2-19}$$

若 $CR<0.1$,则通过一致性检验,则所得熵权 ω_i 即为所求。否则,当 $CR>0.1$ 时,认为判断矩阵的一致性超过可接受的范围,就需要重新构造判断矩阵,使其满足 $CR<0.1$,从而具有满意的一致性。

2.3.3　层次分析法的应用

在应用层次分析法解决实际问题时,遇到的主要困难有以下两个:

(1)如何建立较为符合实际情况的层次结构。

(2)对于那些只能定性分析的因素不易进行量化处理。

层次分析法对人们的思维过程进行了加工整理,提出了一套系统分析问题的方法,为决策者提供了科学的、较有说服力的依据。但层次分析法也有其局限性,主要表现在以下几方面:

(1)它在很大程度上依赖于人们的经验,主观因素的影响很大,它至多只能排除思维过程中的严重非一致性,却无法排除决策者个人可能存在的严重片面性。

(2)构造比较矩阵和判断的过程较为粗糙,不能解决精度要求较高的决策问题,AHP 只是一种将定性与定量相结合的方法。

(3)建立层次结构模型时,考虑的指标的全面性不足。

AHP 法经过几十年的发展,许多学者针对 AHP 的缺点进行了改进和完善,形成了一些新理论和新方法,例如系统分析、模糊决策和反馈系统理论,近几年成为该领域的一个新热点。

在应用层次分析法时,建立层次结构模型是十分关键的一步。下面将用层次分析法对水库料场选择的决策进行优化。

2.4　料场选择原则和优选评价标准

2.4.1　料场选择原则

在水库复建工程中,土石料是其重要的建筑材料,科学合理地规划土石料场地对整个工程布置格局有着至关重要的作用,不但可以缩短工程建设工期、降低工程建设费用,而且可以保证工程质量。

在料场选择上采用以下原则:

(1)工程需要性。料场的储量、岩性要符合工程需要。

(2)工程经济性。为降低工程预算,缩短工程建设工期,优先选择运距短、容易开采的料场。

(3)工程环保性。我国实施可持续发展经济,在施工当中,对环境产生负面影响事先做好防止措施,如水土流失、植被破坏、生活垃圾等。

根据上述原则,应用层次分析法分别对土料、砂石料和块石料方案进行分析和优选。

2.4.2 优选评价标准

料场优选,采用优、良、中、差四级评价标准,评价标准和对应的等级如表 2-4 所示。

表 2-4 料场优选评价标准

评价标准	Ⅰ 优	Ⅱ 良	Ⅲ 中	Ⅳ 差
等级标准	0.75~1	0.5~0.75	0.25~0.5	0~0.25

第 3 章　工程实践案例

3.1　水库 A 料场优选

3.1.1　工程概况

水库 A 是当地一座以灌溉、供水、人畜饮水、防洪为主,兼顾发电、水产养殖的中型水库,是解决当地农田灌溉和人畜饮水的骨干水源工程。主要工程为碾压式均质土坝、溢洪道、灌溉发电洞、电站、机电设备与金属结构设备及安装。土坝坝顶长度 281.5 m,最大坝高 44.24 m,坝顶高度 6 m;溢洪道布置在左岸,采用窄深式有闸控制,闸孔净宽 12 m;灌溉发电洞布置在左岸,断面为圆形压力洞,洞径 3 m,进出口设闸门控制,电站为坝后式电站。

复建水库 A,对于改善当地水利条件,解决工业项目用水难题具有重要意义。该水库曾于 1973 年 10 月动工兴建,1979 年 9 月停建。2004 年 10 月开工复建,2008 年 5 月 8 日,水库导流洞封堵工作完成,正式下闸蓄水。这次复建工程概算投资 1.08 亿元,建设工期为 3 年。

3.1.1.1　需要复建的主要工程项目

水库复建项目建设规模总库容为 3 270 万 m^3,总投资为 10 800 万元。主要工程项目如下:

(1)坝体复建工程:在大坝下游和坝体与岸连接处设置排水沟,浆砌石填筑。

(2)溢洪道:左岸布置,窄深式有闸控制,包括引水段、控制段、泄洪段和出水渠。

(3)灌溉发电洞:在洞身出口处设置弧形钢闸门以控制泄流,其中闸门采用螺杆式启闭机启闭,闸后水流采用底流消能,闸室和消力池间设置陡坡散段,长 25 m。

(4)尾水建筑物:有尾水池、尾水平台以及尾水渠。

(5)库区东岸的防渗工程:经过钻孔压水试验,西段最大吸水率达到 0.3%,为较严重透水层,砂砾石为钙质胶结,但蓄水后,钙质胶结被溶蚀,威胁大坝东坝头的安全和水库蓄水,因此必须对东坝头进行防渗处理。

(6)电站厂房:有上部结构和下部结构,其中上部结构处于主厂房和安装间,处于发电机高程 818.10 m 以上的结构;下部结构是发电机层及安装间上、下游墙,处于主机段。

(7)设备安装:主要是机电设备和金属结构等设备的安装。

3.1.1.2　对外交通条件

根据总布置规划,外来物资可通过 1 条三级公路、1 条国道通往库区,另有省级、县级公路可利用,交通条件优越。

关于外来物资的转运问题,考虑到外来物资的铁路运输较少,历时短,故不专设转运站,铁路运输的物资可利用当地某火车站作转运点,汽车运输至坝址。

3.1.1.3　水库复建工程周边料场情况

在水库复建工程中,土料、砂石料和块石料是工程所需的 3 种天然建筑材料。经过专家的评审,土料预计 29.8 万 m^3,砂石料预计 2.46 万 m^3,块石料 1.9 万 m^3。

周边土料场有 4 个:坝址以南山坡 C_1,土料单价 69 元/m^3;坝址西北 C_2,土料单价 40 元/m^3;坝址东部东山岭 C_3,土料单价 55 元/m^3;坝址东部小南岭 C_4,土料单价 57 元/m^3。

周边砂石料场有 4 个:坝址上游河对面 C_1,砂石料单价 62 元/m^3;河右岸 C_2,坝址西南 0.8 km 处,砂石料单价 57 元/m^3;坝上游左岸 C_3,砂石料单价 46 元/m^3;坝下游右岸 C_4,坝址东北 2 km 处,砂石料单价 50 元/m^3。

周边块石料场有 3 个:坝址上游右岸 3 km 处 C_1,块石料单价 40 元/m^3;坝址下游左岸 C_2,块石料单价 48 元/m^3;坝址东部山岭上 C_3,距离坝址 2 km,块石料单价 37 元/m^3。因此,要对料场进行分析选择,以达到最合理、最经济的方案。

3.1.2 土料场方案优化选择

3.1.2.1 土料场分布及工程地质性质分析

土料场一共选择探明 4 个区,其各土料区分布及岩性如下:

第 1 区(东 I 区):丘陵地貌,在坝体右岸东北方向分布,距坝肩 400~500 m,厚度 0.5 m,高程为 840~870 m,向下是含少量钙质结核的低液限黏土,在 10 m 深处未揭穿层底,没有发现地下水,估计土层厚 20~25 m,土质从西向东钙质结核含量减少,质量变好。

第 2 区(东 II 区):分布在坝体右肩以东山岭上,距坝肩约 300 m,高程 j 为 870~890 m,表层腐殖土厚约 0.5 m,其下为低液限黏土,含少量钙质结核,有 2 m 深夹薄层钙质结核,呈透镜体分布,未揭穿土层,估计土层厚度 18~20 m,未见地下水。

第 3 区(西 I 区):分布在左坝肩北偏西方向,距坝肩 150~200 m,高程为 860~900 m,岩性为低液限黏土,表层腐殖土厚度约 0.7 m,1.5~2.0 m 深处夹黑色黏土层,含大量钙质结核,最大勘探深度 6.0 m,钻穿土层,未见地下水。

第 4 区(西 II 区):分布于坝左岸以南山岭上,距坝址为 350~400 m,高程为 850~880 m,岩性为低液限黏土,表层是腐殖土,厚约 0.6 m,上部含少量结核,在 2~3 m 深处夹薄层红黏土,厚度约 1.0 m;夹一层红色黏土层在 12 m 深处,厚约 0.8 m,最大勘探孔深为 12.5 m,未揭穿土层。

3.1.2.2 储量计算

根据土料区的分布范围和厚度,计算土料储量,计算结果如表 3-1 所示,其中,已经减去无用层体积,从开采条件来看,东 I、东 II 土料距公路近,地势较为平坦,开采运输比较方便,而西 I、西 II 区土料运输不太方便。

3.1.2.3 岩性特征

在上述料区取土样共 14 个,进行颗粒分析、水理、物理、击实试验及力学性质试验,试验结果列于表 3-2~表 3-4。

表 3-1　土料储量

分区	位置	长度 (m)	横断面面积 (m²)	储量 (万 m³)	说明
第 1 区	坝体右岸东北方向	150	2 300	34	东 I 区
第 2 区	坝址东部东山岭	300	2 800	84	东 II 区
第 3 区	坝址西北	150	2 200	33	西 I 区
第 4 区	坝址以南山岭	120	1 350	16.2	西 II 区

颗粒分析试验结果表明,各区土粒度成分基本接近,均为低液限黏土(20.05 mm),占 14%～14.5%;黏粒组(小于 0.005 mm),含量为 23.0%～26.5%。

表 3-2　物理性质分析成果

分区	比重 (g/cm³)	天然含水量 (%)	干容重 (g/cm³)	最优含水量 (%)	最大干容重 (g/cm³)
东 I 区	2.73	18.1	1.6	17.5	1.695
东 II 区	2.73	13.7	1.4	17.0	1.688
西 I 区	2.73	11.3	1.3	18.125	1.670
西 II 区	2.73	13.8	1.5	18.3	1.688

表 3-3　水理性质试验成果

分区	液限(%)	塑限(%)	塑限指数	渗透系数(cm/s)	说明
东Ⅰ区	32.875	19.250	13.625	1.36×10^{-6}	(1)渗透系数为制成 $d = 1.65$ 时的试验值;
东Ⅱ区	32.45	20.225	12.20	1.85×10^{-6}	
西Ⅰ区	34.875	19.125	15.75	1.58×10^{-6}	(2)各区取样四组
西Ⅱ区	32.15	20.325	11.80	1.14×10^{-6}	

表 3-4　物理力学性质指标试验成果

分区		东Ⅰ区	东Ⅱ区	西Ⅰ区	西Ⅱ区	混合样
制样含水量(%)		17.8	16.78	18.9	17.75	17.7
干容重(g/cm³)		1.65	1.65	1.65	1.65	1.65
快剪试验	内摩擦角(°)	23.5	25.05	25.13	26.9	25.0
	黏聚力(kg/cm²)	0.60	0.82	0.57	0.77	0.65
饱和固结快剪试验	内摩擦角(°)	24.63	22.0	25.33	24.7	23.5
	黏聚力(kg/cm²)	0.21	0.22	0.19	0.21	0.15
压缩系数(cm²/kg)		0.017	0.016	0.015	0.01	0.013
饱和压缩系数(cm²/kg)		0.018	0.025	0.022	0.017	0.024

3.1.2.4　工程地质性质分析

经过上述对 4 个土料区的分析表明,低液限黏土分布广,根据碾压式均质土坝的质量要求,除个别指标未测定外(pH、有机质含量、水溶盐等),其他指标都在允许范围内,尤以坝右岸的东Ⅰ区(第 1 区)、东Ⅱ区(第 2 区)土料质量为佳,属于良好的建筑材料。坝左岸的西Ⅰ区(第 3 区)、西Ⅱ区(第 4 区)

土料质量次之。总体上,该地区土料质佳量大,可以满足筑坝对土料的要求。

3.1.2.5 建立层次结构模型

料场储量能否满足设计要求是料场能否被选择的关键指标之一,储量不足的料场无法为水库治理提供充足的土料;运距反映了料场距离施工现场的距离,距离的远近直接关系到运输成本、施工用料是否能够及时供应,同时对工程预算有很大的影响;土料单价是指每立方米土料的价格,水库治理所需土料较多,土料的价格会显著影响工程预算;质量反映了土料的优良,优质土料对工程质量有保障,应当首先考虑;环境保护费是指土料运输过程中为消除扬尘所需要的费用,其对工程预算及环境保护有一定的影响。根据以上分析利用层次分析法建立层次结构模型如图 3-1 所示。

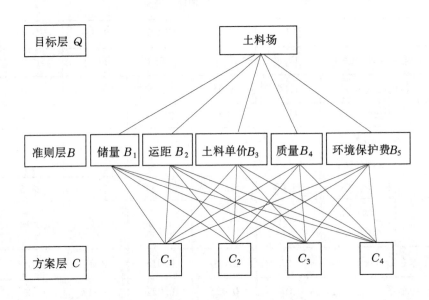

图 3-1　土料场层次结构模型

目标层 Q:选择最优土料场方案。

准则层 B:选择主要影响要素,由储量、运距、土料单价、质量和环境保护费 5 个要素组成。

方案层 C:C_1、C_2、C_3、C_4(分别代表第 1 区、第 2 区、第 3 区和第 4 区)4 个土料场。

3.1.2.6　建立准则层的判断矩阵

根据有关专家对准则层指标的评定:储量对于土料场选择上是极其重要;土料质量对于土料场的选择是非常重要;土料单价对工程预算有一定的影响,其对土料场的选择是明显重要;运距反映了运输距离的远近,是工程预算的重要组成部分,是一般重要;环境保护费对于土料场选择上是稍微重要。

根据以上分析,确定各个指标在土料场选择中的比重,并进行比较,从而建立判断矩阵如表 3-5 所示。

表 3-5　准则层各指标的判断矩阵及其权重

$Q\text{-}B$	B_1	B_2	B_3	B_4	B_5	ω
B_1	1/1	8/5	4/3	4/3	4/1	0.294 9
B_2	5/8	1/1	5/6	5/6	5/2	0.184 3
B_3	3/4	6/5	1/1	1/1	3/1	0.221 2
B_4	3/4	6/5	1/1	1/1	7/2	0.228 1
B_5	1/4	2/5	1/3	2/7	1/1	0.071 5
合计	—	—	—	—	—	1

经过计算,各准则对总目标的权向量分别为 0.294 9、0.184 3、0.221 2、0.228 1 和 0.071 5, $\lambda_{\max} = 5.002\ 2$, $CI = 0.000\ 5$, $RI = 1.12$,计算得到 $CR = 0.000\ 5 < 0.1$,满足一致性检验。

3.1.2.7　指标的量化

土料场的选择要考虑各土料场的储量、料场距水库的距离、土料质量、各土料单价及运输过程中所产生的环境保护费,经过调研、对比和分析,各土料场的储量、质量、土料单价、运距和环境保护费列于表 3-6。

表 3-6　土料场指标量化表

Q	C_1	C_2	C_3	C_4
B_1	34	84	33	16.2
B_2	450	300	175	375
B_3	69	40	55	57
B_4	优	良	中	良
B_5	680	730	510	700

3.1.2.8　建立评价标准

依据工程经验和调研结果,按照四级评价标准Ⅰ、Ⅱ、Ⅲ、Ⅳ,确定土料场选择的评价标准如表 3-7 所示。

表 3-7　土料场选择的评价标准

	B	单位	Ⅰ (0.75~1)	Ⅱ (0.5~0.75)	Ⅲ (0.25~0.5)	Ⅳ (0~0.25)
Q	B_1	万 m³	60~75	45~60	30~45	15~30
	B_2	m	100~200	200~300	300~400	400~500
	B_3	元/m³	40~50	50~60	60~70	70~80
	B_4	—	优	良	中	差
	B_5	元	500~600	600~700	700~800	800~900

3.1.2.9 隶属度的计算

根据评价指标正逆,按照式(2-6)和式(2-7),计算土料场各指标的隶属度列于表3-8。

表 3-8 土料场隶属度的计算结果

	B	C_1	C_2	C_3	C_4
Q	B_1	0.32	1	0.3	0.02
	B_2	0.13	0.5	0.81	0.31
	B_3	0.28	1	0.63	0.58
	B_4	1	0.75	0.5	0.75
	B_5	0.55	0.43	0.98	0.5

3.1.2.10 模糊计算

按照模糊计算准则,构建土料场选择的模糊判断矩阵 $\boldsymbol{E}$:

$$\boldsymbol{E} = \begin{pmatrix} 0.32 & 1 & 0.3 & 0.02 \\ 0.13 & 0.5 & 0.81 & 0.31 \\ 0.28 & 1 & 0.63 & 0.58 \\ 1 & 0.75 & 0.5 & 0.75 \\ 0.55 & 0.43 & 0.98 & 0.5 \end{pmatrix}$$

根据层次分析法计算的土料场各要素权重,构建权向量 $\boldsymbol{\omega} = (0.294\,9 \quad 0.184\,3 \quad 0.221\,2 \quad 0.228\,1 \quad 0.071\,5)^{\mathrm{T}}$,进行模糊运算得到评判结果如下:

$$\boldsymbol{Z} = (0.447\,7 \quad 0.810\,1 \quad 0.561\,2 \quad 0.398\,1)$$

经过模糊综合评价,结果表明,4个料场 C_1、C_2、C_3、C_4 的综合评价结果分别为 0.447\,7、0.810\,1、0.561\,2 和 0.398\,1。

3.1.2.11 方案优选

根据料场优选评价标准(见表2-4),对4个料场综合评价结果进行评判,得到土料场优选结果如表3-9所示。

表 3-9　土料场优选结果

评价标准	I 优	II 良	III 中	IV 差	优选结果
等级标准	$0.75\sim1$	$0.5\sim0.75$	$0.25\sim0.5$	$0\sim0.25$	
C_1			0.447 7		中
C_2	0.810 1				优
C_3		0.561 2			良
C_4			0.398 1		中

从表 3-9 可以看出:C_1、C_2、C_3、C_4 4 个料场的优良等级分别为中、优、良、中,其中,土料场 C_2 最优、土料场 C_3 是良,可作为备用土料场。

从料场分析指标分析,与其他 3 个料场相比,C_2 储量最高,运距在 4 个料场中居第三,土料单价最低,质量为良,环境保护费最高,根据土料场选择原则,选择料场的主要影响要素的重要性依次为储量、质量、土料单价、运距和环境保护费,评价结果表明土料场 C_2 最优,虽然土料场 C_2 的质量是良,但其储量最高,能保证工程建设需要,土料单价最低满足工程经济性需要,运距在所有料场中不是最远的,环境保护费最高,其重要性在几个主要影响指标中最低。从工程实施结果表明,选择了土料场 C_2,保证了工程建设的储量、质量、经济性和环保需要。

因此,运用层次分析法和模糊综合评价法相结合的分析方法,对于土料场优选是合理、准确的,能应用到实际工程中。

3.1.3　砂石料场方案优化选择

3.1.3.1　分区位置及特征

砂石料总长度 3 km,宽度 180 m,共查明 7 个料场,均位于洛河的河漫滩上,由于本区河流蛇曲程度高,流速慢,形成了大量的砂砾石沉积,其一般规律是靠近河床砾石含量大,砂含量相对减小,近坡脚砂层厚。

1. 分区位置及特征

I 区(C_1):分布于坝下游右岸,坝东北 300 m,表层有 0.3 m 厚的耕作层,向下为砂砾石夹砂层,近河处以砾石为主,远河处以粗砂为主,其中夹薄层淤泥。

Ⅱ区(C_2):分布于坝上游左岸,坝址西南,上部有 0.3~0.4 m 厚的耕作层,下部以砾石为主,颗粒均匀,沿河厚度较大。

Ⅲ区(C_3):分布于河右岸,坝址西南 300 m,上部耕作层厚 0.7~1.1 m,砾石颗粒大小不均,含泥质成分高,可利用量小。

Ⅳ区(C_4):分布于河左岸,Ⅰ区之间,以小路为界,土层厚度 0~3 m,中部为砂砾石,夹薄层淤泥,局部含块石,泥质含量较多,下部以砂层为主。

2.砾石储量计算

各区砂砾石储量计算厚度,均至水下 0.5 m,由于水下开采不便,0.5 m 以下的砂砾石未计入。砂砾石储量计算见表 3-10。

表 3-10　砂砾石储量

分区	厚度(m)	面积(m²)	储量(m³)	说明
Ⅰ区	1.06	27 720	2.941×10^4	(1)砂砾石厚度除去上部土层;
Ⅱ区	1.39	19 760	2.75×10^4	
Ⅲ区	0.93	700	0.07×10^4	(2)砂砾石底界为水下 0.5 m
Ⅳ区	1.27	25 000	3.18×10^4	

根据粒组储量计算,结合各区砂砾石储量计算不同粒组的储量,计算结果列于表 3-11。

表 3-11　不同粒组储量计算成果

区号		Ⅰ区	Ⅱ区	Ⅲ区	Ⅳ区
不同粒组储量(万 m³)	<2 mm	1.29	0.93	0.01	0.73
	2~5 mm	0.50	0.55	0.01	0.67
	5~20 mm	0.05	0.52	0.01	0.70
	20~40 mm	0.44	0.47	0.02	0.67
	40~60 mm	0.21	0.27	0.02	0.41

所有区(Ⅰ区、Ⅱ区、Ⅲ区、Ⅳ区)砂(粒径<2 mm)储量 2.96 万 m³,砾石(粒径 2~20 mm)储量 3.01 万 m³,卵石(粒径 20~60 mm)储量 2.51 万 m³。

3.砂砾石粒度分析

各区砂砾石分布均等,分别取有试样,进行颗粒分析,确定不同粒组的百分含量,结果见表 3-12。

表 3-12   砂砾石粒度成果

颗粒分析	粒径	区号	Ⅰ区	Ⅱ区	Ⅲ区	Ⅳ区
		取样质量(kg)	25.7	26	25.1	26.3
不同粒组质量及所占百分比	<2 mm	质量(kg)	11.2	8.8	4.7	6.1
		百分比(%)	44	34	19	23
	2~5 mm	质量(kg)	4.5	5.5	3.5	5.4
		百分比(%)	17	20	14	21
	5~20 mm	质量(kg)	4.3	4.9	3.3	5.8
		百分比(%)	17	19	13	22
	20~40 mm	质量(kg)	3.9	4.5	6.1	5.6
		百分比(%)	15	17	24	21
	40~60 mm	质量(kg)	1.8	2.3	7.5	3.4
		百分比(%)	7	10	30	13

C_1 料场位于坝下游右岸,坝址东北 1.7 km 处;C_2 料场位于坝上游左岸,坝址西南 1.2 km 处;C_3 位于河右岸,坝址西南 0.8 km 处;C_4 位于河左岸,坝址东北 2 km 处。

3.1.3.2   层次结构模型的构建

料场储量能否满足设计要求是料场能否被选择的关键指标之一,储量不足的料场无法为水库治理提供充足的砂石料;运费反映了料场距离施工现场运输的费用,与距离的远近相关联,直接关系到运输成本,施工用料是否能够及时供应对工程建设和工程预算有很大影响;砂石料单价是指每立方米砂石料的价格,水库治理所需砂石料较多,砂石料的价格会显著影响工程预算;环境保护费是指砂石料运输过程中为消除扬尘所需的费用,其对工程预算及环境保护有一定的影响。根据以上分析利用层次分析法建立层次结构模型如图 3-2 所示。

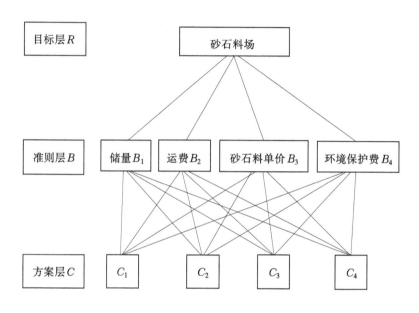

图 3-2　砂石料场层次结构模型

目标层 R:最优砂石料场的选择方案。

准则层 B:由储量、运费、砂石料单价、环境保护费 4 个要素指标构成。

方案层 C:C_1、C_2、C_3、C_4(分别代表Ⅰ区、Ⅱ区、Ⅲ区和Ⅳ区)4 个料场。

3.1.3.3　准则层的判断矩阵的建立

在选择砂石料场地时主要考虑的因素有 4 个,分别是储量、运费、砂石料单价和环境保护费。储量对于砂石料场选择,是极其重要;砂石料单价是工程预算的很大组成部分,在准则层对目标层的比重为非常重要;运费影响到工程预算及其工期,在准则层对目标层的比重为明显重要,运费是工程预算的重要组成部分,为明显重要;环境保护费关系到环境保护,是一个参照指标,在准则层对目标层的比重为一般重要。

通过对准则层的 4 个指标两两进行比较,构造出砂石料的判断矩阵,并用层次分析法确定其权重,如表 3-13 所示。

表 3-13　砂石料场准则层的判断矩阵及其权重

$R-B$	B_1	B_2	B_3	B_4	ω
B_1	1/1	3/2	9/5	9/2	0.392 0
B_2	5/9	1/1	5/8	5/2	0.202 7
B_3	8/9	8/5	1/1	4/1	0.324 3
B_4	2/9	2/5	1/4	1/1	0.081 0

计算 $\lambda_{max} = 4.104\,7$,$CI = 0.014\,5$,取 $RI = 0.89$,计算得到 $CR = 0.034\,9 < 0.1$,满足一致性检验。

3.1.3.4　指标的量化

砂石料场的选择要考虑各料场的储量、运费、砂石料单价和运输过程中所产生的环境保护费,根据工程建设前后各砂石料场实际情况,确定储量、运费、砂石料单价和环境保护费如表 3-14 所示。

表 3-14　砂石料场方案层的指标量化表

R	C_1	C_2	C_3	C_4
B_1	2.9	2.75	0.07	3.18
B_2	1.7	1.2	0.8	2
B_3	62	57	46	50
B_4	470	410	350	500

3.1.3.5　建立评价标准

依据施工经验,按照四级评价标准 Ⅰ、Ⅱ、Ⅲ、Ⅳ,确定砂石料场选择的评价标准如表 3-15 所示。

表 3-15　砂石料场优选的评价标准

	B	单位	I (0.75~1)	II (0.5~0.75)	III (0.25~0.5)	IV (0~0.25)
R	B_1	万 m³	3~3.5	2.5~3	2~2.5	1.5~2
	B_2	km	0~0.5	0.5~1	1~1.5	1.5~2
	B_3	元/m³	40~50	50~60	60~70	70~80
	B_4	元	300~350	350~400	400~450	450~500

3.1.3.6　隶属度的计算

按照第 2 章中隶属度的计算公式,计算砂石料场隶属度如表 3-16 所示。

表 3-16　砂石料场隶属度

	B	C_1	C_2	C_3	C_4
R	B_1	0.7	0.63	0	0.84
	B_2	0.15	0.4	0.6	0
	B_3	0.45	0.58	0.85	0.75
	B_4	0.15	0.45	0.75	0

3.1.3.7　模糊计算

按照模糊计算准则,构建砂石料场选择的模糊判断矩阵 E:

$$E = \begin{pmatrix} 0.7 & 0.63 & 0 & 0.84 \\ 0.15 & 0.4 & 0.6 & 0 \\ 0.45 & 0.58 & 0.85 & 0.75 \\ 0.15 & 0.45 & 0.75 & 0 \end{pmatrix}$$

根据层次分析法计算砂石料场各要素权重,构建权向量 $\omega =$ $(0.392\,0\quad 0.202\,7\quad 0.324\,3\quad 0.081\,0)^{\mathrm{T}}$,进行模糊运算得到评判结果如下:

$$Z = (0.462\,9\quad 0.552\,6\quad 0.458\,0\quad 0.572\,5)$$

经过模糊综合评价,结果表明,4 个料场 C_1、C_2、C_3、C_4 的综合评价结果分别为 0.462 9、0.552 6、0.458 0 和 0.572 5。

3.1.3.8 方案优选

按照料场优选评价标准(见表 2-4),对 4 个砂石料场综合评价结果进行分析,砂石料场优选结果列于表 3-17。

表 3-17 砂石料场优选结果

评价标准	I 优	II 良	III 中	IV 差	优选结果
等级标准	0.75~1	0.5~0.75	0.25~0.5	0~0.25	
C_1			0.462 9		中
C_2		0.552 6			良
C_3			0.458 0		中
C_4		0.572 5			良

从表 3-17 可以看出,C_1、C_2、C_3、C_4 4 个料场的优良等级分别为中、良、中、良,第 2 个料场和第 4 个料场评价结果均为良,二者皆为水库治理砂石料场的选择方案,但是第 4 个料场的模糊综合评价结果大于第 2 个料场,即 0.572 5>0.552 6,故第 4 个砂石料场 C_4 是最优方案,第 2 个砂石料场 C_2 可作为备用砂石料场。

从料场分析指标分析,与其他 3 个料场相比,砂石料场 C_4 的储量最高,运费在 4 个料场中居最高,砂石料单价次低,环境保护费最高。根据砂石料场选择原则,选择料场的主要影响要素的重要性依次为储量、砂石料单价、运费和环境保护费。评价结果表明:砂石料场 C_4 最优,虽然砂石料场 C_2 的运费最高,但其储量最高,能保证工程建设需要,砂石料单价次低,重要性为第二,满足工程经济性需要,运费和环境保护费在所有料场中是最高的;与砂石料场 C_2 相比,砂石料场 C_4 的储量、运费和环境保护费都要高一些,但单价要低一些。从工程建设结果表明,选择了砂石料场 C_4,保证了工程建设的储量、经济性和环保需要。因此,运用层次分析法和模糊综合评价法相结合的分析方法,分析结果能较为合理、准确地反映影响砂石料场各影响指标的重要性,对于砂石料场优选是合理、准确的,能应用到实际工程中。

3.1.4　块石料场方案优化选择

在坝址附近及上下游,经过勘查,共查明 3 处料区。

3.1.4.1　块石料分布及岩性特征

1. 料场分布

Ⅰ 区(C_1):位于坝址东部山岭上,距离坝址 2.3 km。主要岩石为鞍山丹岩,少量为页岩。鞍山丹岩受构造影响大,节理发育,成材率低;页岩属于软弱岩石,抗压强度低、软化系数小,抗风化能力低,不符合筑坝技术要求。储量为 2.2 万 m^3,上有覆盖层,厚度 1.5 m。

Ⅱ 区(C_2):位于坝址上游右岸 3 km 处,岩石岩性为石英砂岩,完整性好,符合建坝块石料质量技术要求,但是储量不足,仅为 1.6 万 m^3,上有覆盖层,厚度大约 1 m。

Ⅲ 区(C_3):位于固水一带,岩石岩性为硅质条带白云岩,裂隙溶隙不发育,质量好,储量大,成材率 70% ~ 80%,可以做建坝块石料场。运距约 3.5 km,储量为 3.8 万 m^3,上覆盖层 1.2 m。

块石料区储量和上覆盖层厚度列于表3-18。

表 3-18　各块石料区储量和上覆盖层厚度

分区	位置	储量(万 m^3)	上覆盖层厚度(m)
Ⅰ 区	位于坝址东部山岭上,距离坝址 2.3 km	2.2	1.5
Ⅱ 区	位于坝址上游右岸 3 km 处	1.6	1
Ⅲ 区	位于固水一带,运距约 3.5 km	3.8	1.2

2.块石料分布及岩性特征

C_1 位于坝址东部山岭上,距离坝址 2.3 km。主要岩石为鞍山丹岩,少量为页岩;C_2 位于坝址上游右岸 3 km 处,岩石岩性为石英砂岩,完整性好,符合建坝块石料质量技术要求;C_3 位于坝址下游 3.5 km 处,岩石岩性为硅质条带白云岩,裂隙溶隙不发育,质量好。

3.1.4.2 层次结构模型的构建

料场储量能否满足设计要求是料场能否被选择的关键指标之一,储量不足的料场无法为水库治理提供充足的块石料;运距反映了料场距离施工现场的距离,距离的远近直接关系到运输成本、施工用料是否能够及时供应,同时对工程预算有很大的影响;块石料单价是指每立方米块石料的价格,水库治理所需土料较多,土料的价格会显著影响工程预算;质量反映了块石料的优良,优质块石料对工程质量有保障,应当首先考虑;根据以上分析利用层次分析法建立层次结构模型如图 3-3 所示。

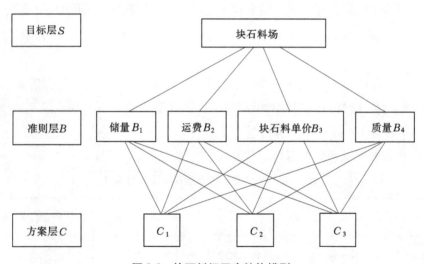

图 3-3　块石料场层次结构模型

目标层 S:最优块石料场的选择方案。

准则层 B:由块石料场储量、运费、块石料单价和质量 4 个要素组成。

方案层 C:C_1、C_2、C_3 3 个块石料场。

3.1.4.3　准则层的判断矩阵的建立

在选择块石料场时主要考虑的因素有 4 个,分别是储量、运费、块石料单价和质量。储量对于块石料场选择,是极其重要;质量对于块石料场的选择,是非常重要;块石料单价是工程预算的很大组成部分,在准则层对目标层的比重为非常重要;运费反映了运输距离的远近,是工程预算的重要组成部分,为一般重要。

通过对准则层的 4 个指标两两进行比较,构造出块石料的判断矩阵,并用层次分析法确定其权重,如表 3-19 所示。

表 3-19　块石料场准则层的判断矩阵及其权重

$S-B$	B_1	B_2	B_3	B_4	ω
B_1	1/1	7/1	7/4	7/6	0.385 1
B_2	1/7	1/1	1/5	1/6	0.052 0
B_3	4/7	5/1	1/1	2/3	0.232 7
B_4	6/7	6/1	3/2	1/1	0.330 2

经过计算,得到 $\lambda_{max} = 4.006\ 2$,$CI = 0.002\ 1$,取 $RI = 0.89$,计算得到 $CR = 0.002\ 3 < 0.1$,满足一致性检验。

3.1.4.4　指标的量化

依据工程实际情况,对各块石料场的主要影响指标:储量、距水库的距离、各块石料场的块石料价格以及质量进行量化,具体量化数据列于表 3-20。

表 3-20　各块石料的指标量化表

S	C_1	C_2	C_3
B_1	2.9	2.75	0.07
B_2	5	3	3.5
B_3	40	48	37
B_4	中	良	优

3.1.4.5 建立评价标准

依据工程实际情况,按照四级评价标准 Ⅰ 、Ⅱ 、Ⅲ 、Ⅳ ,确定块石料场优选的评价标准如表 3-21 所示。

表 3-21 块石料场优选的评价标准

	B	单位	评价标准			
			Ⅰ (0.75~1)	Ⅱ (0.5~0.75)	Ⅲ (0.25~0.5)	Ⅳ (0~0.25)
S	B_1	万 m³	2.5~3	2~2.5	1.5~2	1~1.5
	B_2	km	2.5~3	3~3.5	3.5~4	4~4.5
	B_3	元/m³	30~35	35~40	40~45	45~50
	B_4	—	优	良	中	差

3.1.4.6 隶属度的计算

按照隶属度计算公式[式(2-6)和式(2-7)],计算块石料场隶属度计算结果列于表 3-22。

表 3-22 块石料场隶属度计算结果

	B	C_1	C_2	C_3
S	B_1	0.95	0.88	0
	B_2	0	0.75	0.5
	B_3	0.5	0.1	0.65
	B_4	0.5	0.75	1

3.1.4.7 模糊计算

按照模糊计算准则,构建块石料场选择的模糊判断矩阵 E:

$$E = \begin{pmatrix} 0.95 & 0.88 & 0 \\ 0 & 0.75 & 0.5 \\ 0.5 & 0.1 & 0.65 \\ 0.5 & 0.75 & 1 \end{pmatrix}$$

根据层次分析法计算的块石料场各要素权重,构建权向量 $\boldsymbol{\omega}=$ (0.385 1 0.052 0 0.232 7 0.330 2)^{T},进行模糊运算得到评判结果如下:

$$Z = (0.647\ 3\quad 0.648\ 8\quad 0.507\ 4)$$

经过模糊综合评价,结果表明,3 个块石料场 C_1、C_2、C_3 的综合评价结果分别为 0.647 3、0.648 8 和 0.507 4。

3.1.4.8 方案优选

按照料场优选评价标准(见表 2-4),对 3 个块石料场综合评价结果进行分析,块石料场优选结果列于表 3-23。

表 3-23 块石料场优选结果

评价标准	I 优	II 良	III 中	IV 差	优选结果
等级标准	0.75~1	0.5~0.75	0.25~0.5	0~0.25	
C_1		0.647 3			良
C_2		0.648 8			良
C_3		0.507 4			良

从表 3-23 可以看出:块石料场 C_1、C_2、C_3 3 个料场的优良等级都是良,其中,块石料场 C_1 和块石料场 C_2 的评价结果比较接近,相差较小,块石料场 C_2 评价结果比块石料场 C_1 的稍大,块石料场 C_3 的评价结果最小,即块石料场 C_2 最优,块石料场 C_1 次优。从工程实际情况分析,块石料场 C_2 的运费最高,运距最小,储量仅次于块石料场 C_1,质量居中,而块石料场 C_3 的运费居中、块石料单价最小、质量最优,但其储量偏小,其综合评价结果偏小,因此分析结果表明,块石料场 C_2 和块石料场 C_1 都可以作为最优方案,另一个作为备选方案,即 I 区和 II 区中的一个可以作为最优方案,另一个作为备选方案。

3.1.5 结论

综上所分析,对各个料场的优化选择得出如下结论:

(1)运用层次分析法建立了土料场的层次结构模型,并将土料场的储量、运距、土料单价、质量和环境保护费作为主要影响要素,对各要素指标进行了量化,根据所采用的评价标准分别对 C_1、C_2、C_3、C_4 4 个土料场进行了层次分析,得出 4 个土料场对总目标的权向量分别为 0.294 9、0.184 3、0.221 2、0.228 1、0.071 5,采用模糊综合评价法计算各土料场 5 个要素的隶属度、模糊分析和综合评价,4 个土料场的评价结果分别为 0.447 7、0.810 1、0.561 2 和 0.398 1。通过评价结果进行分析,土料场 C_2 为复建水库的土料场最优方案;土料场 C_3 为次优方案;可以作为备用土料场。

(2)运用层次分析法建立了砂石料场的层次结构模型,在对砂石料场进行选择时,考虑了储量、运费、砂石料单价和环境保护费 4 个主要影响因素,对 C_1、C_2、C_3、C_4 4 个砂石料场进行层次分析,计算得到各砂石料场对总目标的权向量分别为 0.392 0、0.202 7、0.324 3、0.081 0,采用模糊综合评价法得到 C_1、C_2、C_3、C_4 4 个砂石料场的评价结果分别为 0.462 9、0.552 6、0.458 0、0.572 5。通过评价结果分析,砂石料场 C_4 为复建水库的最优砂石料场;砂石料场 C_2 为次优方案,可以作为备用砂石料场。

(3)运用层次分析法和模糊综合评价法对块石料场进行了优选,选取 3 个块石料场的 4 个主要影响要素:储量、运距、块石料单价和质量,分析结果表明,C_1、C_2、C_3 3 个块石料场中各要素对总目标的权向量分别为 0.385 1、0.052 0、0.232 7、0.330 2,采用模糊综合评价法得到 C_1、C_2、C_3 3 个块石料场的计算评价结果分别为 0.647 3、0.648 8、0.507 4。经分析,选择块石料场 C_2 和块石料场 C_1 任一个都可以作为最优方案,另一个作为备选方案,即 Ⅰ 区和 Ⅱ 区中任一个可以作为最优方案,另一个则为次选方案。

3.2　水库 B 料场优选

该水库除险加固工程方案中,需要主体建筑工程包括土石方、混凝土和砌石工程。主要材料有砂、碎石和块石,为保证工程建设按期优质完成,需要对周边地区的料场进行优化选择。

料场位置的选择直接关系到施工总体布置格局。为此,应特别重视料场选择,进行多种可行料场的优化研究,对工程建设特别是水利工程除险加固具有重要意义。在进行料场选择时,不仅要考虑常规的经济、技术等定量指标要求,还要充分考虑环境保护等定性指标要求,在定量指标与定性指标同时考虑时,常规的优化方法比较难于处理,采用层次分析法和模糊综合评价法,主要考虑材料的储量、运距、单价、运费、环境保护费等主要因素,根据土料场、砂石料场和块石料场等不同料场的具体情况,选择合适的影响要素建立评价指标结构模型,通过对各料场进行综合分析,优选各料场方案。

3.2.1　工程概况

水库 B 位于某河流中游,该水库由大坝(含副坝)、溢洪道、输水道等建筑物组成。主坝为均质土坝,最大坝高 42.98 m,坝顶高程 472.98~473.90 m,防浪墙高 1.2 m,坝顶长 269.0 m,坝顶宽 6.30 m。副坝紧邻主坝左端,在原天然山包上加高填筑而成,为均质土坝,最大坝高 8.0 m,坝顶高程与主坝相同,坝顶长 151.0 m,坝顶宽 7.3 m。水库控制流域面积 211 km²,干流长度 30 km,干流比降 1/100。水库总库容 4 775 万 m³,其中兴利库容 2 757.5 万 m³,死库容 304.5 万 m³,设计灌溉面积 6.5 万亩(1 亩 = 1/15 hm²,全书同)。工程于 1959 年冬开工建设,1960 年因移民搬迁不到位停建,于 1968 年冬复工,1973 年建成,前后历时 15 年,形成现在规模,是一座具有灌溉、防洪、养殖等综合效益的中型水库。

该水库建设于 20 世纪 50 年代,处于特定的历史条件,属边勘测、边设计、边施工的"三边"工程。工程运用至今已 40 多年,设备陈旧老化,建筑物多处存在工程隐患,在工程、管理和防汛等诸多方面存在问题,水库带"病"运行,到目前为止在运行中发现许多问题亟待解决。

3.2.1.1　**工程存在的主要问题**

(1)副坝下游坡抗滑稳定安全不满足要求,坝体填筑质量较差,主、副坝接合处出现裂缝,主坝右岸滑坡体处理简单。

(2)输水洞洞身裂缝严重,附属设施破损,严重影响大坝安全,水库一直低水位带"病"运行。输水洞为坝下埋管,裂缝严重,对大坝渗流安全极为不利。

(3)输水洞闸门和启闭机老化陈旧,超出使用年限,不能正常运行。

(4)工程施工质量差,坝体碾压不均匀,压实度低,运行中先后暴露出沉陷变形、裂缝、渗漏等质量缺陷;主坝右坝肩存在绕坝渗漏隐患;副坝坝基级配不良,砾为强透水层,防渗处理不彻底,渗流出口无反滤保护,坝基渗漏严重。

(5)溢洪道工程未完建。

(6)工程管理条件差,防汛交通与通信不能满足防汛要求,工程安全监测设施不完善,水库迄今不能按设计规模运行。

3.2.1.2 安全鉴定结论

该水库建设于 20 世纪 50 年代,处于特定的历史条件,属边勘测、边设计、边施工的"三边"工程。工程运用 40 多年,设备陈旧老化,建筑物多处存在工程隐患,水库带"病"运行。经相关部门鉴定,结论如下:

(1)防洪标准复核。根据国家《防洪标准》(GB 50201—2014),该水库采用 50 年一遇洪水设计,1 000 年一遇洪水校核,经复核,1 000 年一遇洪水位为 473.91 m,已超过坝顶高程 0.74 m,水库防洪能力不满足规范要求,防洪安全性为 C 级。

(2)工程质量评价。工程施工质量差,坝体填筑不均匀,压实度低,主坝填筑压实度合格率仅为 19%。运行中先后暴露出沉陷变形、裂缝、渗漏等质量缺陷,输水洞洞身裂缝严重,附属设施损坏,严重影响大坝安全。工程质量综合评定为不合格。

(3)结构安全评价。主、副坝抗滑稳定满足规范要求,但主、副坝接合处存在裂缝;主坝上游护坡块石粒径小,局部塌陷变形,右岸滑坡体处理简单;副坝无护坡,下游坡脚存在局部塌陷;溢洪道未完建,不能安全泄洪;输水洞洞身开裂、漏水,工作桥沉陷变形。大坝结构安全性综合评定为 C 级。

(4)渗流安全评价。主坝右坝肩存在绕坝渗漏隐患;副坝坝基强透水层防渗处理不彻底,渗漏严重,渗流出口无反滤保护,已经发生渗透变形。大坝渗流安全性综合评定为 C 级。

(5)根据《中国地震动参数区划图》(GB 18306—2015)表 D1"地震动峰值加速度分区与地震基本烈度对照表"查得:水库区地震动峰值加速度 0.10g,地震动反应谱特征周期值为 0.45 s;地震基本烈度为Ⅶ度,经复核大坝在遭遇Ⅶ度地震条件下,抗震稳定安全满足规范要求,且不存在可液化土层,大坝抗震安全性评定为 A 级。

（6）输水洞闸门和启闭机老化陈旧，超出使用年限，不能正常运用。金属结构安全性评定为 C 级。

（7）运行管理评价。水库管理条件差，防汛交通及通信设施不能满足防汛要求，大坝监测及管理设施不完善。大坝运行管理综合评定为"差"。

综上所述，根据专家组对书面材料与现场检查认定结果，该水库属三类坝。

3.2.1.3　加固工程主要项目

水利部大坝安全管理中心"关于某水库三类坝安全鉴定成果的核查意见"（简称"核查意见"）中对该水库核查意见如下：该水库大坝现有坝顶高程不满足规范要求；主、副坝护坡局部塌陷变形，接合处存在裂缝；右岸滑坡体处理简单；副坝无护坡，下游坡脚存在局部塌陷；主坝右坝肩存在绕坝渗漏隐患；副坝坝基强透水层防渗处理不彻底，渗漏严重，渗流出口无反滤保护，已经发生渗透变形；溢洪道未完建；输水洞为坝下埋管，工作桥沉陷变形，洞身开裂漏水，消力池边墙底板裂缝严重；防汛公路标准低，大坝管理及监测设施不完善等。

针对"核查意见"对水库除险加固提出的建议进行综合分析，确定除险加固工程项目主要有如下 4 个方面：

（1）大坝除险加固工程。包括对大坝和副坝的坝坡整修，坝坡护砌更换，防渗处理，坝顶路面和防浪墙拆除改建等。

（2）溢洪道加固改造工程。包括整修溢洪道右岸已衬砌渠段、衬砌溢洪道底板和左岸、完建陡坡消能段和尾水渠段、新建溢洪道交通桥等。

（3）输水道加固工程。包括进口闸门和启闭机更换，工作桥拆除改建，洞身加固，洞出口洞脸加固，出口渠首闸、泄水闸和消能设施拆除改建。

（4）增设或完善防汛交通通信及管理设施。

3.2.1.4　周边料场情况

主体建筑工程量总计为 20.93 万 m³，土石方回填 2.14 万 m³，混凝土 1.39 万 m³，砌石工程 0.89 万 m³。主要材料用量为砂 17 785 m³，碎石 22 174 m³，块石 12 154 m³。周边土料场有：土料场 1，储量 2.1 万 m³；土料场 2，储量 3.4 万 m³；土料场 3，储量 2.8 万 m³；土料场 4，储量 4.2 万 m³。砂石料场有：砂石料场 1，可开采量 8 万 m³；砂石料场 2，可开采量 16.5 万 m³；砂石料场 3，可开采量 12

万 m³;砂石料场 4,可开采量 9 万 m³。块石料场有:块石料场 1,可用石料量 2.8 万 m³;块石料场 2,可用石料量 2.8 万 m³;块石料场 3,可用石料量 2 万 m³。

因此,需要对周边地区的料场进行优化选择,以满足工程的需要。

3.2.1.5 环境保护

随着我国经济的发展和科学技术的进步,水利工程在防洪、发电、灌溉等方面发挥了巨大的社会效应,它利用我国丰富的水资源,解决东部沿海地区用电紧张的现状,对促进经济的发展起到重要的作用。但是,水利工程在建设的过程中,往往破坏生态环境,越来越引起人们的高度重视。因此,在水利工程建设的过程中,环境保护成为其中不可缺少的一部分。

1. 环境保护原则

(1)减少或改善工程新建对环境带来的不利影响为主要目标,对治理方案进行论证,最终选出可行方案。

(2)环境保护工程设计原则应因地制宜地采取行之有效的治理和综合利用技术。

(3)环境保护设计必须从实际出发,针对性要强,可操作性要好,经济合理,技术先进。

(4)坚持节约用水的原则,治理后的废水应合理利用。

2. 施工布置原则

(1)保证施工现场需要的前提下,尽量少占耕地。

(2)各施工点生产、生活区尽量利用现有施工场地,集中就近布置。

(3)各施工点外购材料避免倒运,就近放置。

(4)提高机械化程度,利用机械施工,加快施工进度,以减少劳动强度。

(5)弃土、弃渣做到填沟造地。

3. 废弃物处理方案

(1)将覆盖层剥离产生的固体废弃物等弃渣尽量运至弃料场,加覆土,恢复周边植被,防止水土流失等地质灾害。

(2)天然砂石料的冲洗产生尾水处理方式,以设置防渗沉淀池为主,经沉淀后的沉渣运至弃渣场。

(3)搅拌系统废水主要集中在拌和场,采用沉淀池沉淀处理搅拌废水,在每个拌和场,设置塑膜全防渗沉淀池,经沉淀后排放至附近草地中,并将沉渣拉运至取土坑(弃渣场)填埋处理。

4. 环境保护管理

施工期间,成立工程环境保护领导小组,全面领导施工阶段环境保护和恢复工作,建立和落实监督各项环境保护、劳动保护、卫生管理制度和措施实施,加强环境工作领导,通过施工期环保协议,明确责任,确保环保措施有效实施,并在施工结束前,专门设置工程环境卫生管理办公室具体负责实施恢复绿化和美化环境工作。

5. 环境监测

(1)进行施工空气环境质量监测:在拌和场各设一个点,施工高峰期监测,每次连续监测3天。

(2)进行施工期噪声监测:在拌和场各设一个点,每季度监测1次,每次监测时在白天监测2次。

3.2.2 土料场方案的优化选择

3.2.2.1 土料场分布及工程地质性质分析

(1)土料场一共选择探明4个区,其各土料区分布及岩性如下:

土料场1(C_1):位于坝体右岸东北方向,距坝肩1 km,丘陵地貌,高程在640~650 m,表层为腐殖土,厚0.7 m,向下为低液限黏土,含少量钙质结核,在10 m深处未揭穿层底,没有发现地下水,推测土层厚20~25 m,储量2.1万m³,土质从西向东钙质结核含量减少,质量变好。

土料场2(C_2):位于坝体下游以南方向的山岭上,距坝肩4 km,高程在647~660 m,表层为腐殖土,厚0.6 m,向下为低液限黏土,含少量钙质结核,2 m深夹黑色黏土,厚0.3 m。在2.5 m深处夹薄层钙质结核,呈透镜体分布,坑探未揭穿土层,推测土层厚度18~20 m,未见地下水,储量3.4万m³。

土料场3(C_3):位于左坝肩北偏西方向,距坝肩3 km,高程在630~645 m,岩性为低液限黏土,表层为腐殖土,厚0.8 m,在1.5~2.0 m深处夹黑色黏土层,含有大量钙质结核,最大勘探深度6.0 m,未钻穿土层,未见地下水,可开采土层厚度3.5 m左右,储量2.8万m³。

土料场 $4(C_4)$：位于坝左岸以南山岭上，距坝趾 1.5 km，高程 593~607 m，为筑坝土料原料场，其岩性为第四系中更新统低液限黏土(Q_2)，含少量钙质结核，上覆耕植层厚约 0.5 m，可开采土层厚度 3.5 m 左右，分布较广，储量 4.2 万 m^3，采运条件较好。

上述 4 个土料区储量均满足本次除险加固工程的要求，各土料区的位置、距离坝体的位置、储量、覆盖层厚度等具体数据列于表 3-24。

表 3-24　土料场详细表

分区	位置	距离 （km）	储量 （万 m^3）	覆盖层厚度 （m）	说明
土料场 1	坝体右岸东北方向	1（距坝肩）	2.1	0.7	C_1
土料场 2	坝体下游以南方向	4（距坝肩）	3.4	0.6	C_2
土料场 3	左坝肩北偏西方向	3（距坝肩）	2.8	0.8	C_3
土料场 4	坝左岸以南山岭上	1.5 （距坝趾）	4.2	0.5	C_4

（2）岩性特征。

在上述料区各取土样 4 个，分别做颗粒分析、物理、水理、力学性质试验及击实试验。

颗粒分析试验结果表明，各区土粒度成分很接近，均为低液限黏土。

物理性质分析成果见表 3-25，水理性质试验成果详见表 3-26，土料力学性质试验成果列于表 3-27。

表 3-25　物理性质分析成果

分区	比重 （g/cm^3）	天然含水量 （%）	干容重 （g/cm^3）	最优含水量 （%）	最大干容重 （g/cm^3）
C_1	2.73	18.1	1.6	17.5	1.695
C_2	2.73	15.7	1.3	17.0	1.688
C_3	2.73	12.3	1.3	18.1	1.670
C_4	2.73	13.5	1.5	18.3	1.668

表 3-26　水理性质试验成果

分区	液限（%）	塑限（%）	塑性指数	渗透系数（cm/s）	说明
C_1	32.875	19.25	13.625	1.63×10^{-6}	①渗透系数为制成 $d=1.65$ 时的试验值；②各区取样4组
C_2	32.45	20.225	12.2	1.85×10^{-6}	
C_3	34.875	19.125	15.75	1.58×10^{-6}	
C_4	32.15	20.325	11.80	1.47×10^{-6}	

表 3-27　土料力学性质试验成果

料区		C_1	C_2	C_3	C_4
制样含水量（%）		17.8	16.78	18.9	17.75
干容重（g/cm³）		1.65	1.65	1.65	1.65
快剪试验	内摩擦角（°）	23.5	25.05	25.13	26.9
	黏聚力（kg/cm²）	0.60	0.82	0.57	0.77
饱和固结快剪试验	内摩擦角（°）	24.63	22.0	25.33	24.7
	黏聚力（kg/cm²）	0.21	0.22	0.19	0.21
压缩系数（cm²/kg）		0.017	0.016	0.015	0.01
饱和压缩系数（cm²/kg）		0.018	0.025	0.022	0.017

（3）工程地质性质分析。

已探明的4个土料区，大部分为低液限黏土，根据均质土坝质量要求，除个别指标未满足要求外，其余指标均在允许范围内，尤其以坝左岸的 C_3、C_4 土料质量为佳,属良好的建筑材料。坝右岸的 C_1 土料次之,C_2 质量稍差。总体而言,各地区土料质量好,储量较大,能满足工程建设需求。

3.2.2.2 建立层次结构模型

料场储量能否满足设计要求是料场能否被选择的关键指标之一,储量不足的料场无法为水库治理提供充足的土料;运距反映了料场距离施工现场的距离,距离的远近直接关系到运输成本、施工用料是否能够及时供应,同时对工程预算有很大的影响;土料单价是指每立方米土料的价格,水库治理所需土料较多,土料的价格会显著影响工程预算;环境保护费是指土料运输过程中为消除扬尘所需要的费用,其对工程预算及环境保护有一定的影响。根据以上分析利用层次分析法建立层次结构模型如图 3-4 所示。

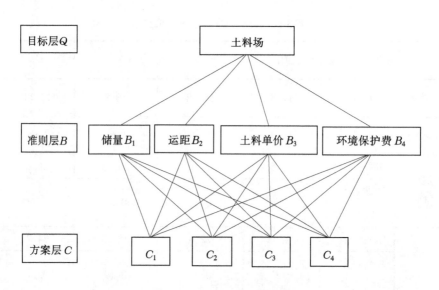

图3-4 土料场层次结构模型

目标层 Q:选择一个土料场。

准则层 B:分为储量、运距、土料单价、环境保护费 4 个要素。

方案层 C:C_1、C_2、C_3、C_4 4 处料场。

3.2.2.3 指标的量化

土料场的选择要考虑各土料场的储量、料场距水库的距离、各土料场的土料单价及运输过程中所产生的环境保护费。经过实地调研,确定各土料场的储量、土料单价、运距和环境保护费如表 3-28 所示。

表 3-28　土料场统计数据

分区	位置	储量 (万 m^3)	运距 (km)	土料单价 (元)	环境保护费 (元)
C_1	坝体下游以南方向	2.1	1	72	740
C_2	坝体右岸东北方向	3.4	4	58	770
C_3	坝左岸以南山岭上	2.8	3	66	630
C_4	左坝肩北偏西方向	4.2	1.5	55	690

3.2.2.4　建立准则层的判断矩阵

在选择土料场时,主要考虑料场的储量、运距、土料单价、环境保护费等因素。储量对于土料场选择,是极其重要;土料单价对工程预算有一定的影响,其对土料场的选择是非常重要;运距反映了运输距离的远近,是工程预算的重要组成部分,为一般重要;环境保护费对于土料场选择上是稍微重要。

在料场选择中从保证工程经济预算、工期、工程质量和环境保护等方面,对准则层的 4 个指标相对于土料场的比重,通过业主单位和施工单位有关专家评定,各指标进行两两比较,构造出判断矩阵,采用层次分析法确定其权重。计算结果如表 3-29 所示。

表 3-29　土料场判断矩阵及其权重计算结果

$Q-B$	B_1	B_2	B_3	B_4	ω
B_1	1/1	4/1	8/3	8/1	0.546 0
B_2	1/4	1/1	1/2	3/1	0.140 6
B_3	3/8	2/1	1/1	6/1	0.261 6
B_4	1/8	1/3	1/6	1/1	0.051 8

经过计算,各方案对总目标的权向量分别为 0.546 0、0.140 6、0.261 6 和 0.051 8,得到 $\lambda_{max} = 4.045\ 7, CI = 0.015\ 2$,取 $RI = 0.89$,经计算 $CR = 0.017\ 1 < 0.1$,满足一致性检验。

3.2.2.5 建立评价标准

依据施工经验,按照四级评价标准 Ⅰ 、Ⅱ 、Ⅲ 、Ⅳ,确定土料场选择的评价标准如表 3-30 所示。

表 3-30 土料场选择的评价标准

	B	单位	Ⅰ (0.75~1)	Ⅱ (0.5~0.75)	Ⅲ (0.25~0.5)	Ⅳ (0~0.25)
	B_1	万 m³	4~5	3~4	2~3	1~2
Q	B_2	km	0~1.5	1.5~3	3~4.5	4.5~6
	B_3	元/m³	40~50	50~60	60~70	70~80
	B_4	元	500~600	600~700	700~800	800~900

3.2.2.6 隶属度的计算

根据评价指标正逆,按照式(2-6)和式(2-7),土料场隶属度的计算结果列于表 3-31。

表 3-31 土料场隶属度

	B	C_1	C_2	C_3	C_4
	B_1	0.28	0.60	0.45	0.80
Q	B_2	0.83	0.33	0.50	0.75
	B_3	0.20	0.55	0.35	0.63
	B_4	0.40	0.33	0.68	0.53

3.2.2.7 模糊计算

按照模糊计算准则,构建土料场选择的模糊判断矩阵 E:

$$E = \begin{pmatrix} 0.28 & 0.60 & 0.45 & 0.80 \\ 0.83 & 0.33 & 0.50 & 0.75 \\ 0.20 & 0.55 & 0.35 & 0.63 \\ 0.40 & 0.33 & 0.68 & 0.53 \end{pmatrix}$$

根据层次分析法计算的土料场各要素权重,构建权向量 $\omega = (0.546\,0 \quad 0.140\,6 \quad 0.261\,6 \quad 0.051\,8)^{\mathrm{T}}$,进行模糊运算得到评判结果如下:

$$Z = (0.339\,9 \quad 0.534\,7 \quad 0.442\,5 \quad 0.732\,9)$$

经过模糊综合评价,结果表明,4 个料场 C_1、C_2、C_3、C_4 的综合评价结果分别为 0.339\,9、0.534\,7、0.442\,5 和 0.732\,9。

3.2.2.8 方案优选

根据料场优选评价标准(见表 2-4),对 4 个料场综合评价结果进行评判,得到土料场优选结果,优选结果列于表 3-32。

表 3-32   土料场优选结果

评价标准	I 优	II 良	III 中	IV 差	优选结果
等级标准	0.75~1	0.5~0.75	0.25~0.5	0~0.25	
C_1			0.339 9		中
C_2		0.534 7			良
C_3			0.442 5		中
C_4		0.732 9			良

表 3-32 分析结果表明:C_1、C_2、C_3、C_4 4 个土料场的优良等级分别为中、

良、中、良,其中土料场 C_2 和土料场 C_4 的评价结果是良,两个土料场都能作为水库治理土料场,但从模糊综合评价结果看,0.732 9(土料场 C_4)>0.534 7(土料场 C_2),土料场 C_4 更优,因此经过计算分析,选择土料场 C_4 为最优方案,土料场 C_2 为次优方案或者备用的土料场方案。

评价结果能较好地反映影响料场的主要指标,从料场指标来看,土料场 C_4 储量最高,土料单价最低,运距较小,环境保护费较低,分析结果能较好地反映土料场选择原则,即该工程土料场的主要影响要素重要性依次为储量、运距、土料单价和环境保护费,土料场 C_4 储量最高,能保证工程建设需要,单价最低,能达到工程经济性的需要,运距在所有料场中居第二,环境保护费在 4 个料场中居第三。因此,经过计算分析结果,选择土料场 C_4 为最优方案,工程实践结果对照表明,土料场 C_4 为最优方案保证了工程建设的储量、工期、经济性和环保需要。

3.2.3　砂石料场方案的优化选择

3.2.3.1　各砂石料区特征

砂石料场共选择 4 个区,其各料区特征如下:

砂石料场 1(C_1):位于坝下游连昌河右岸,坝东北 10 km,表层有 0.4 m 厚的耕作层,向下为砂砾石夹砂层,近河处以砾石为主,远河处以粗砂为主,其中夹薄层淤泥。砾石颗粒大小不均,泥质含量较多,局部含块石。骨料储量约为 8 万 m³。

砂石料场 2(C_2):距大坝下游的洛河滩,坝址南 30 km,分布有卵砾石料场。砂砾石层的卵砾石成分主要为玄武岩、花岗岩、硅质中细粒石英砂岩,根据料场骨料成分组成情况并结合地区经验,初步判定混凝土粗骨料不具有碱活性成分。粒径一般为 2~70 mm,少量为 100~200 mm。混凝土粗骨料储量为 16.5 万 m³。

河漫滩中没有集中的砂料场分布,需要在卵砾石中筛取或在砂层透镜体中开采,其砂为中砂,砂粒成分多为长石、石英、微量云母,质量较好,可满足工程对混凝土细骨料的需要。

砂石料场 3(C_3):位于坝下游的洛河滩,坝址南 15 km,上部有 0.6 m 厚的耕作层,下部以砾石为主,颗粒均匀,沿河厚度较大。骨料储量 12 万 m³。

砂石料场 4(C_4)：位于洛河右岸，坝址西南 22 km，距坝址较远，上部耕作层厚 0.7 m，中部为砂砾石，夹薄层淤泥，局部含块石，泥质含量较多，可利用量小。骨料储量 9 万 m^3。

各土料区距离坝体距离、位置、储量和覆盖层厚度等相关数据列于表 3-33。

表 3-33　砂石料场详况明细表

分区	位置	距离 （km）	储量 （万 m^3）	覆盖层厚度 （m）	说明
C_1	坝下游连昌河右岸	10	8	0.4	（1）砂砾石厚度除去上部土层； （2）砂砾石底界为水下 0.5 m
C_2	坝下游的洛河滩	30	16.5	0.3	
C_3	坝下游的洛河滩	15	12	0.6	
C_4	坝址西南洛河右岸	22	9	0.7	

3.2.3.2　砂砾石粒度分析

各区砂砾石分布均等，分别取有试样，进行颗粒分析，以确定不同粒组的百分含量，分析结果如表 3-34 所示。

3.2.3.3　建立层次结构模型

料场储量能否满足设计要求是料场能否被选择的关键指标之一，储量不足的料场无法为水库治理提供充足的砂石料；运费指砂石料运送至施工现场的费用，反映了砂石料的运输成本，对工程预算有很大的影响；砂石料单价是指每立方米砂石料的价格，水库治理所需砂石料较多，砂石料的价格会显著影响工程预算；环境保护费是指砂石料运输过程中为消除扬尘所需要的费用，其对工程预算及环境保护有一定的影响。根据以上分析利用层次分析法建立层次结构模型如图 3-5 所示。

表 3-34 砂砾石粒度的分析表

区号		C_1	C_2	C_3	C_4
取样质量(kg)		26	27.42	25.9	25
不同粒组质量及所占百分比	<2 mm 质量(kg)	3.9	2.75	2.9	3
	<2 mm 百分比(%)	15	10	11	12
	2~5 mm 质量(kg)	5.2	4.67	4.9	4.5
	2~5 mm 百分比(%)	20	17	19	18
	5~20 mm 质量(kg)	6.5	8	8	7.5
	5~20 mm 百分比(%)	25	29	31	30
	20~40 mm 质量(kg)	7	9	7.8	7
	20~40 mm 百分比(%)	27	33	30	28
	40~80 mm 质量(kg)	3.4	3	2.3	3
	40~80 mm 百分比(%)	13	11	9	12

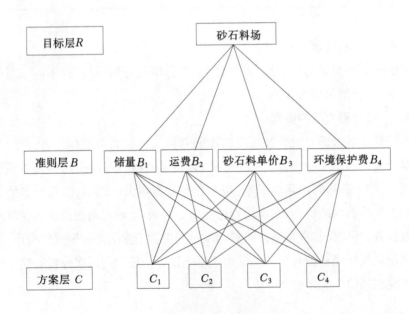

图 3-5 砂石料场层次结构模型

目标层 R：选择最优砂石料场。

准则层 B：储量、运费、砂石料单价、环境保护费 4 个主要影响要素。

方案层 C：C_1、C_2、C_3、C_4 4 个料场。

3.2.3.4　指标的量化

砂石料场的选择要考虑各砂石料场的储量、运费、砂石料单价和运输过程中所产生的环境保护费，经过实地调研，对各指标进行量化，具体量化数据列于表 3-35。

表 3-35　砂石料场的指标量化表

R	C_1	C_2	C_3	C_4
B_1	8	16.5	12	9
B_2	420	580	460	500
B_3	58	49	61	52
B_4	530	470	410	500

3.2.3.5　准则层的判断矩阵的建立

在选择砂石料场地时主要考虑的因素有 4 个，分别为储量、运费、砂石料单价和环境保护费。储量对于砂石料场选择，是极其重要；砂石料单价是工程预算的很大组成部分，在准则层对目标层的比重为非常重要；运费影响到工程预算及其工期，在准则层对目标层的比重为明显重要；环境保护费关系到环境保护，是一个参照指标，在准则层对目标层的比重为一般重要。

在料场选择中，从保证工程经济预算、工期、工程质量和环境保护等方面，对准则层的 4 个指标相对于砂石料场的比重，通过业主单位和施工单位有关专家评定，各指标进行两两比较，构造出判断矩阵，采用层次分析法确定其权重，结果如表 3-36 所示。

表 3-36　砂石料场准则层的判断矩阵和权重结果

$R-B$	B_1	B_2	B_3	B_4	ω
B_1	1/1	7/5	7/6	7/4	0.318 2
B_2	5/7	1/1	5/6	5/4	0.227 3
B_3	6/7	6/5	1/1	3/2	0.272 7
B_4	4/7	4/5	2/3	1/1	0.181 8

经过计算，$\lambda_{max} = 4.000, CI = 0$，取 $RI = 0.89$，计算得到 $CR = 0 < 0.1$，满足一致性检验。

3.2.3.6　建立评价标准

依据施工经验，按照四级评价标准 Ⅰ、Ⅱ、Ⅲ、Ⅳ，确定砂石料场选择的评价标准如表 3-37 所示。

表 3-37　砂石料场选择评价标准

	B	单位	Ⅰ (0.75~1)	Ⅱ (0.5~0.75)	Ⅲ (0.25~0.5)	Ⅳ (0~0.25)
R	B_1	万 m³	14~17	11~14	8~11	5~8
	B_2	元	350~400	400~450	450~500	500~550
	B_3	元/m³	40~50	50~60	60~70	70~80
	B_4	元	400~450	450~500	500~550	550~600

3.2.3.7　隶属度的计算

按照第 2 章中隶属度的计算公式，计算砂石料场隶属度如表 3-38 所示。

表 3-38　砂石料场隶属度计算结果

	B	C_1	C_2	C_3	C_4
	B_1	0.25	0.96	0.58	0.33
R	B_2	0.65	0	0.45	0.25
	B_3	0.55	0.78	0.48	0.45
	B_4	0.35	0.65	0.95	0.50

3.2.3.8　模糊计算

按照模糊计算准则,构建砂石料场选择的模糊判断矩阵 E:

$$E = \begin{pmatrix} 0.25 & 0.96 & 0.58 & 0.33 \\ 0.65 & 0 & 0.45 & 0.25 \\ 0.55 & 0.78 & 0.48 & 0.45 \\ 0.35 & 0.65 & 0.95 & 0.50 \end{pmatrix}$$

根据层次分析法计算砂石料场各要素权重,构建权向量 $\boldsymbol{\omega} = (0.381\ 2\quad 0.227\ 3\quad 0.272\ 7\quad 0.181\ 8)^{\mathrm{T}}$,进行模糊运算得到评判结果如下:

$$Z = (0.440\ 9\quad 0.634\ 5\quad 0.590\ 2\quad 0.376\ 5)$$

经过模糊综合评价,结果表明,4 个砂石料场 C_1、C_2、C_3 和 C_4 的综合评价结果分别为 0.440 9、0.634 5、0.590 2 和 0.376 5。

3.2.3.9　方案优选

按照料场优选评价标准(见表 2-4),对 4 个砂石料场综合评价结果进行分析,砂石料场优选结果列于表 3-39。

从表 3-39 可以看出:C_1、C_2、C_3 和 C_4 4 个砂石料场的优良等级分别为中、良、良、中,砂石料场 C_2 和砂石料场 C_3 的评价结果均为良,但砂石料场 C_2 模糊综合评价结果最大,即 0.634 5(砂石料场 C_2)>0.590 2(砂石料场 C_3),砂石料场 C_2 为最优方案,次优方案为砂石料场 C_3,可以作为备用砂石料场。

表 3-39　砂石料场的优选结果

评价标准	I 优	II 良	III 中	IV 差	优选结果
等级标准	1~0.75	0.5~0.75	0.25~0.5	0~0.25	
C_1			0.440 9		中
C_2		0.634 5			良
C_3		0.590 2			良
C_4			0.376 5		中

从料场分析指标分析,与其他 3 个料场相比,砂石料场 C_2 的储量最高,单价最低,根据砂石料场选择原则,选择料场的主要影响要素的重要性依次为储量、砂石料单价、运费和环境保护费,评价结果表明砂石料场 C_2 最优,虽然砂石料场 C_2 的运费高,但其储量最高,能保证工程建设需要,砂石料单价在所有料场中是最低的,满足工程经济性需要。从工程建设结果表明,选择砂石料场 C_2,保证了工程建设的储量、经济性和环保需要。因此,运用层次分析法和模糊综合评价法相结合的分析方法,分析结果能较为合理、准确地反映影响砂石料场各影响指标的重要性,应用于砂石料场优选是合理、准确的,能应用到实际工程中。

3.2.4　块石料场的优化选择

3.2.4.1　各块石料场特征

探明块石料场 3 个区,其各料区特征如下:

块石料场 1(C_1):位于坝体上游侧山岭,距离坝址 4 km。主要为震旦系石英岩,中厚—厚层状,上覆无用层厚度约 0.8 m,储量 3.1 万 m^3。

块石料场 2(C_2):位于坝址东南部山岭上,距坝址 3 km。分布有石英砂岩、安山玢岩。石英砂岩完整性好,符合块石料质量技术要求;安山玢岩受构造影响大,节理发育,成材率低。上覆无用层厚度约 0.5 m,储量 2.8 万 m³。

　　块石料场 3(C_3):位于坝址东北方向,坝址 1.5 km。岩石较新鲜,质坚性脆,裂隙发育,块径一般较小,弃渣较多,上覆无用层厚度约 0.7 m,储量 2 万 m³。

　　各块石料区的储量、位置,以及距离坝体的位置和覆盖层厚度等具体数据如表 3-40 所示。

表 3-40　块石料场详细表

分区	位置	距离 (km)	储量 (万 m³)	覆盖层厚度 (m)	说明
第 1 区	坝址上游侧山岭	4	3.1	0.8	C_1
第 2 区	坝址东南部山岭	3	2.8	0.5	C_2
第 3 区	坝址东北方向	1.5	2	0.7	C_3

3.2.4.2　建立层次结构模型

　　料场储量能否满足设计要求是料场能否被选择的关键指标之一,储量不足的料场无法为水库治理提供充足的块石料;运费指块石料运送至施工现场的费用,反映了块石料的运输成本,对工程预算有很大的影响;块石料单价是指每立方米块石料的价格,水库治理所需块石料较多,块石料的价格会显著影响工程预算;质量反映了块石料的优良,优质块石料对工程质量有保障,应当首先考虑。根据以上分析利用层次分析法建立层次结构模型,如图 3-6 所示。

　　目标层 S:最优块石料场的选择方案。

　　准则层 B:包括储量、运费、块石料单价、质量 4 个要素。

　　方案层 C:C_1、C_2、C_3 3 个块石料场。

3.2.4.3　判断矩阵的建立

　　在选择块石料场地时主要考虑的因素有 4 个,分别是储量、运费、块石料单价和质量。储量对于块石料场选择,是极其重要;块石料质量对于块石料场的选择是非常重要;块石料单价是工程预算的很大组成部分,在准则层对目标层的比重为非常重要;运费是工程预算的重要组成部分,为一般重要。

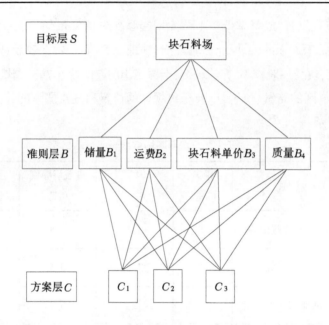

图 3-6　层次结构模型

　　根据在料场选择中从保证工程质量、工程经济预算、工期和环境保护等方面,对准则层的 4 个指标相对于块石料场的比重,通过业主单位和施工单位有关专家评定,各指标进行两两比较,构造出判断矩阵,采用层次分析法确定其权重,结果如表 3-41 所示。

表 3-41　块石料场的判断矩阵及其权重结果

$S-B$	B_1	B_2	B_3	B_4	ω
B_1	1/1	7/1	7/3	7/5	0.462 3
B_2	1/7	1/1	2/3	2/5	0.093 4
B_3	3/7	3/2	1/1	3/5	0.166 6
B_4	5/7	5/2	5/3	1/1	0.277 7

经过计算，$\lambda_{\max}$ = 4.060 4，CI = 0.020 1，取 RI = 0.89，计算 CR = 0.022 6 < 0.1，结果满足一致性检验。

3.2.4.4　指标量化

块石料场的选择要考虑各块石料场的储量、运费、块石料单价以及块石的质量，根据具体料场实际情况，确定各指标的量化数据如表 3-42 所示。

表 3-42　块石料场统计数据

S	C_1	C_2	C_3
B_1	5.8	2.8	2
B_2	1 350	1 200	1 050
B_3	44	36	40
B_4	优	良	优

3.2.4.5　建立评价标准

依据施工经验，按照四级评价标准（Ⅰ、Ⅱ、Ⅲ、Ⅳ），确定块石料场选择的评价标准如表 3-43 所示。

表 3-43　块石料场选择的评价标准

	B	单位	Ⅰ （0.75~1）	Ⅱ （0.5~0.75）	Ⅲ （0.25~0.5）	Ⅳ （0~0.25）
S	B_1	万 m³	5~6	4~5	3~4	2~3
	B_2	元	1 000~1 100	1 100~1 200	1 200~1 300	1 300~1 400
	B_3	元/m³	30~35	35~40	40~45	45~50
	B_4	—	优	良	中	差

3.2.4.6 隶属度的计算

按照第 2 章中隶属度的计算公式,计算块石料场隶属度如表 3-44 所示。

表 3-44 块石料场的隶属度计算表

	B	C_1	C_2	C_3
	B_1	0.95	0.20	0
S	B_2	0.13	0.50	0.88
	B_3	0.30	0.70	0.50
	B_4	1	0.75	1

3.2.4.7 模糊计算

按照模糊计算准则,构建块石料场选择的模糊判断矩阵 E:

$$E = \begin{pmatrix} 0.95 & 0.20 & 0 \\ 0.13 & 0.50 & 0.88 \\ 0.30 & 0.70 & 0.50 \\ 1 & 0.75 & 1 \end{pmatrix}$$

根据层次分析法计算的块石料场各要素权重,构建权向量 $\omega = (0.462\ 3 \quad 0.093\ 4 \quad 0.166\ 6 \quad 0.277\ 7)^\mathrm{T}$,进行模糊运算得到评判结果如下:

$$Z = (0.192\ 9 \quad 0.296\ 4 \quad 0.284\ 6)$$

经过模糊综合评价,结果表明,3 个料场 C_1、C_2、C_3 的综合评价结果分别为 0.192 9、0.296 4 和 0.284 6。

3.2.4.8 方案优选

按照料场优选评价标准(见表 2-4),对 3 个块石料场综合评价结果进行分析,块石料场优选结果列于表 3-45。

经过模糊综合评价,可以看出:C_1、C_2、$C_3$3 个料区的优良等级分别为差、中、中,3 个块石料场的评价结果都不太好,相比较而言,块石料场 C_2 模糊综合评价值要稍大于块石料场 C_3 的评价值,即 0.296 4>0.284 6。

表 3-45 块石料场的优选结果

评价标准	I 优	II 良	III 中	IV 差	优选结果
等级标准	0.75~1	0.5~0.75	0.25~0.5	0~0.25	
C_1				0.192 9	差
C_2			0.296 4		中
C_3			0.284 6		中

对块石料场分析指标进行分析,3 个块石料场中,块石料场 C_2 的储量和运费居中,单价最低,质量为良,根据块石料场选择原则,选择料场的主要影响要素的重要性依次为储量、单价、质量和运费,评价结果表明块石料场 C_2 最优,其储量较高,能保证工程建设需要,单价最低,能满足工程经济性需要,运费在所有料场中不是最高的,其重要性在几个主要影响指标中最低。从工程实践结果表明,选择了块石料场 C_2 为最优方案,保证了工程建设的储量、质量、经济性和环保需要。

3.2.5 结论

综上所分析,对各个料场的优化选择得出如下结论:

(1)运用层次分析法建立土料场的层次结构模型,优选土料场方案时,选择主要影响要素分别为储量、运距、土料单价和环境保护费 4 个因素,对各要素指标进行量化,根据所采用的评价标准分别对 4 个土料场 C_1、C_2、C_3、C_4 进行层次分析,分别得出各要素对总目标中的权向量为 0.546 0、0.140 6、0.261 6、0.051 8,采用模糊综合评价法计算各料场 4 个要素的隶属度,按照模糊运算法则计算评价结果分别为 0.339 9、0.534 7、0.442 5、0.732 9,通过评价结果进行分析,选择土料场 C_4 为复建水库的最优土料场,土料场 C_2 为次优方案(或备用土料场方案)。

(2)运用层次分析法建立了砂石料场的层次结构模型,在对砂石料场进行选择时,考虑了储量、运费、砂石料单价和环境保护费 4 个因素,对 4 个砂石料场 C_1、C_2、C_3、C_4 分别进行层次分析,计算得到各砂石料场中各要素对总目标的权向量分别为 0.318 2、0.227 3、0.272 7、0.181 8,采用模糊综合评价法计算得到 C_1、C_2、C_3、C_4 4 个砂石料场的评价结果分别为 0.440 9、0.634 5、0.590 2 和 0.376 5,通过优化计算和分析,优选砂石料场 C_2 为最优方案,次优方案为砂石料场 C_3(或备用砂石料场)。

(3)运用层次分析法和模糊综合评价法,对块石料场进行了优选,选取 3 个块石料场(块石料场 C_1、C_2、C_3)的 4 个主要影响要素:储量、运费、块石料单价和质量,分析结果表明,C_1、C_2、C_3 3 个块石料场中各要素对总目标的权向量分别为 0.462 3、0.093 4、0.166 6、0.277 7,采用模糊综合评价法得到评价结果分别为 0.192 9、0.296 4、0.284 6,选择块石料场 C_2 作为复建水库的块石料场。

3.3　施工组织优化

施工组织是以科学编制一个工程的施工组织设计为研究对象,编制出指导施工的技术纲领性文件,合理地使用人力和物力、空间和时间,着眼于工程施工中关键工序的安排,使之有组织、有秩序地施工。其是根据批准的建设计划、设计文件(施工图)和工程承包合同,对土建工程任务从开工到竣工交付使用,所进行的计划、组织、控制等活动的统称。

3.3.1　施工组织编制原则

(1)响应招标的原则。在编制施工组织设计时,将实质性地响应招标文件的各项条款,满足工程的总体要求。

(2)安全第一的原则。在编制施工组织设计时,将始终按照技术先进可靠、措施安全得力、确保安全第一的基本原则,认真细致地研究施工方案,并在确认安全措施已落实到位、经过检查能确保万无一失的前提下再组织项目实施。

（3）质量优先的原则。按"项目法"的施工原则进行管理和施工,严格执行有关的施工规范和验收标准,严格按设计要求施工。制定创精品工程目标,建立完善的项目管理体系,严格执行各项质量保证措施,确保工程质量 100% 一次达标。

（4）确保工期的原则。在编制施工组织设计时,将根据本工程的工期要求安排进度,实行节点控制,与关键线路搞好工序衔接,实施保证措施,确保按期完成。

（5）方案优化的原则。采用行之有效的施工管理、质量管理措施,全面组织有效落实项目达标的各项工作,确保施工实施方案的可行性。

（6）科学配置的原则。制订施工所需的劳动力、材料及施工机具的投入计划,确保工程施工总体目标按既定的计划顺利进行。

3.3.2　安全管理体系及措施

3.3.2.1　安全管理总体要求

（1）安全目标:杜绝死亡、火灾、重大设备安全事故。重伤负伤率控制在 1‰。

（2）安全管理的宗旨:就是项目经理部通过对安全生产工作进行决策、计划、组织、指挥、协调和控制等一系列的活动,以实现生产过程中人与机械设备、物料、环境的协调和谐,从而达到安全生产的承诺目标。

（3）安全管理的方针:"安全第一、预防为主"是安全生产管理的基本方针,"安全第一"是安全生产管理的基础和出发点,"预防为主"是安全生产管理的核心,也是保证和实施安全生产的根本。

（4）安全管理的原则如下:

①"加强劳动保护、改善劳动条件"是安全生产管理的基本原则。

②"管生产必须管安全、以安全促生产"是安全生产管理的领导原则。

③对全体员工进行安全生产法律、法规和安全专业知识以及安全生产技能等方面的教育和培训原则。

④全体员工必须做到"不伤害自己、不伤害他人、不被他人伤害"的"三不伤害"原则。

⑤在发生事故后,原因分析不清不放过、事故责任者和员工没有受到教育不放过、没有防范措施不放过、有关领导和责任者没有追究责任不放过的事故处理"四不放过"原则。

⑥项目部领导及主要管理人员在计划、布置、检查、总结、评比施工生产的时候,必须同时计划、同时布置、同时检查、同时总结、同时评比安全工作的"五同时"原则。

3.3.2.2 安全管理组织

建立确保安全生产的管理组织网络,以项目经理为第一责任人,由项目经理、项目副经理、技术负责人、各科室负责人及施工班组长等组成安全生产领导小组;突出"安全第一、预防为主"的基本方针,在项目部内部设置安全生产科,配备有丰富实践经验和相当管理水平的专职安技人员,各作业队及施工班组配备兼职安全员,对施工生产的全过程进行安全监控;建立纵向到底、横向到边、责任到人的现场分级安全生产管理网络。

3.3.2.3 安全保证体系及措施

建立以项目经理为第一责任人的安全管理组织网络,分领导决策层、科室管理层和下属施工作业层三级垂直的结构形式,明确各科室及主要管理人员的安全工作职责,执行"五项"保证安全生产的管理制度措施,实施保证安全生产的技术措施,从而形成整个安全保证体系,实现安全目标。

1. 安全生产的责任制度

(1)必须建立覆盖到项目部各科室、各作业队、各人员的"全员管理"的安全生产责任制度。

(2)明确主要人员及其各科室的安全工作职责,实行安全责任制并签订责任书。

(3)确定安全生产的管理目标,分解细化管理目标的项目,并对各项目制定量化考核的办法且认真组织落实。

(4)狠抓安全责任的落实,并根据管理目标定期或不定期的检查考评。

(5)建立安全奖罚机制,根据检查考评结果严格兑现奖罚规定。

2. 安全生产资金的保障制度

(1)明确安全生产资金使用审批权限、项目的资金限额。

（2）明确安全项目的实施科室和负责人，以及完成的期限。

（3）满足安全宣传教育培训和奖励安全先进的开支需要。

（4）满足个人防护用品等劳动保护开支的需要。

（5）满足针对可能造成安全事故的主要原因和尚未解决的问题而采取各种安全技术措施的开支需要。

（6）专款专用，单独建立使用台账，并按规定统计汇总上报。

3. 安全教育的培训制度

（1）确定教育培训的负责科室，并明确指定责任人；制定安全教育制度。

（2）开展经常性的培训教育工作，新工人进行三级安全教育、换岗工人进行岗位及安全操作规程教育、特殊工种及关键部位进行专项培训教育，特殊工种和特种作业人员还须持证上岗。

（3）参加施工的主要管理人员及专职安全员应参加安全年度教育培训并考核合格。

（4）建立班前安全活动制度，同时对每次的班前安全活动做好完整的记录并保存。

（5）落实教育培训资金渠道，规范使用教育培训资金，实行教育培训奖罚机制。

4. 安全生产的检查制度

（1）按照施工安全检查标准开展"定期"检查工作，施工班组不断进行自查、互查和交接查等经常检查工作；专职安全员每日进行跟踪检查，项目部每周组织现场安全生产大检查。

（2）对于特种作业、特种设备、特种场所进行防高处坠落、防坍塌、防机械伤害、防触电、防物体打击等"五大伤害"的专业性安全检查。

（3）对于冬季的防火、防寒、防冰冻和春季的防早汛、防阴雨以及节假日的节前、节后进行"特定"的安全检查。

（4）对于试运行设备和工程停工、复工等不确定情况，进行"不定期"的安全检查。

（5）对各种安全检查进行完整齐全的记录，发现隐患出现应及时下发整改通知书，定人、定时、定措施，并限期完成且进行复查确认，同时对所有的反馈形成书面记录且归档保存。

5.安全事故的报告处理制度

(1)对特种作业、特种场所和特殊部位以及特种机械设备可能发生的安全生产事故,编制应急救援预案,以便万一发生事故时进行及时救援和处理,防止事故的扩大和蔓延;应急救援预案应按程序呈报审批并进行预先演练。

(2)按照国家对安全事故的划分标准和规定,对已发生的事故进行及时报告,并按"四不放过"的原则进行调查分析和善后处理。

(3)建立生产安全工伤事故档案,如实并及时填报各类安全报表。

3.3.2.4　安全保证的技术措施

(1)进入现场的全体人员必须戴好安全帽,并戴好个人应配置的安全防护用品;管理人员必须佩带工作卡;严禁赤脚、穿拖鞋或高跟鞋的人员进入施工现场。

(2)严格岗位责任制,特殊工种及机械操作均应持证上岗,并建立特殊工种人员名册和相应的有效证书档案资料。

(3)按程序对易燃、易爆、有毒物品进行管理,使用时应配备专门防护用具。

(4)对施工作业面、设备、电源等地点和设施,安装规范的安全防护装置,设立明显的防护标志,不得随意拆除或挪动。

(5)正确使用"三宝"(安全帽、安全带、安全网),严格加强对"四口"的安全防护。

(6)遵守作息时间,严禁疲劳作业;严禁酒后上班;严禁随意动火。

(7)设置工地围挡,建立门卫岗亭,严禁非施工人员擅自进入现场,防止意外第三方安全事故。

(8)搞好食堂饮食卫生,防止食物中毒的安全事故;与当地就近的医疗卫生机构建立关系,做好医护抢救预案。

3.3.2.5　重大专项安全施工方案

1.现场临时用电

(1)施工现场的临时用电应编制专项施工组织设计,并按照《施工现场临时用电安全技术规范》(JGJ 46—2019)的规定执行;外露电器要有安全距离,并辅以安全措施。

（2）根据用电点的位置,在主干线电杆上装设分线箱;配电开关箱要符合"三级配电二级保护"的要求,并有参数匹配且完好有效的漏电保护装置。

（3）现场电源导线按标准埋设或架设,架空电线按标准架设,不得将电线捆在无瓷瓶的钢筋、树木、脚手架上;不得使用老化电线,偶有破皮处要包扎安全不漏电;露天设置的闸刀开关装在专用配电箱里,闸具、熔断器参数与设备容量匹配,不得用铁丝或其他金属丝替代保熔丝。

（4）工作接地与重复接地要符合要求,按规定设置专用保护零线,保护零线与工作零线不能混接,做好地极阻值摇测记录。

（5）所有低压临时用电必须安装合格、正确的漏电保护器,使用前必须对其进行功能测试,并提供测试报告;生产区域的所有低压临时用电必须使用标准的防爆插头,用电量必须小于该插座和电源线的容量标准。

（6）漏电保护器动作后,应立即查找动作原因,如无异常情况可以试送电一次,试送电后再次跳闸,必须找出故障点并处理后才能送电。

（7）停用的漏电保护器再次启用前,应按《农村低压电力技术规程》(DL/T 499—2001)的规定,试验合格后才能再投入运行。

2. 防火安全措施

（1）进行电焊、气焊等热处理工作,施焊前,必须备妥灭火器材,检查附近区域,确认无易燃易爆物品,并派专人看管,作业后应认真检查现场,确认无造成死灰复燃的可能,方可离开现场。

（2）严守电焊机操作规程,不施焊时焊夹不应接地,绝对禁止烧焊与油漆工作在同一处同时进行。禁止对有压力的容器,如钢瓶、油管进行加温或施焊。

（3）氧气、乙炔、丙烷等应相互隔离,防止碰撞,并远离火源及油类,天热时应采取降温措施,使用后关闭并戴安全罩。

（4）木材油料仓库、火工仓库室内及火工材料附近严禁吸烟。

（5）需要防火的设施处必须配备足够的相应灭火器具,相关人员应经过实用操作,确保能够正确使用。

3.3.2.6 安全事故应急救援措施及预案

1. 现场保护

项目部应急救援组织在进行事故报告的同时,应按职责分工指定专人保护事故现场,采取必要的围栏措施,如出现伤亡人员,需对现场物品做必要移动的应首先记录现场实物状况、采取牌照或绘图的方式进行记录。做好调查取证的基础资料准备工作,同时应对现场与事故有关的管理、操作、目击人员进行登记、控制,以备询查。对于引发事故的重要物证及时收集、登记、保管。

2. 人员疏散

对于事故发生可能造成的安全隐患,威胁周边人群安全的,应立即采取人员疏散措施,根据应急预案中安全疏散通道设置的安排,由专人组织人员疏散,设置限制区域并标识,控制事态的发展。

3. 现场医疗急救

对于事故发生人员伤亡的,应按应急预案要求,组织经培训过的救援、救护人员根据伤者情况实施现场救护,同时组织车辆,按预案路线及时送往医院救治。

4. 易燃易爆物品转移

易燃易爆物品造成险情或发生险情及现场易燃易爆物品时,应按应急预案要求,组织人员、车辆进行危险物品转移,转移过程中设置专职看护人员,并根据危险物品特性配置充足的消防器材,按预案设定的转移路线及目的地组织转移。必要时上报当地公安、消防部门,在其指导下组织转移。

5. 火灾、爆炸事故应急措施及预案

根据《重大危险源辨识》(GB 18218—2018)的标准,本工程火灾、爆炸重大危险源通常有两个:一个是施工作业区,另一个是临建生活区。

1)火灾、爆炸事故应急流程应遵循的原则

(1)紧急事故发生后,发现人应立即报警。一旦启动本预案,相关责任人要以处置重大紧急情况为压倒一切的首要任务,绝不能以任何理由推诿拖延。各部门之间、各单位之间必须服从指挥、协调配合,共同做好工作。因工作不到位或玩忽职守造成严重后果的,要追究有关人员的责任。

(2)项目组在接到报警后,应立即组织自救队伍,按事先制订的应急方案立即进行自救;若事态情况严重,难以控制和处理,应立即在自救的同时向专业救援队伍求救,并密切配合救援队伍。

(3)在疏通事故现场道路,保证救援工作顺利进行;疏散人群至安全地带。

(4)急救过程中,遇有威胁人身安全情况时,应首先确保人身安全,迅速组织脱离危险区域或场所后,再采取急救措施。

(5)截断电源、可燃气体(液体)的输送,防止事态扩大。

(6)项目专职安全员为紧急事务联络员,负责紧急事物的联络工作。

(7)紧急事故处理结束后,项目专职安全员应填写记录,并召集相关人员研究防止事故再次发生的对策。

2)火灾、爆炸事故的应急措施及预案

施工人员进行防火安全教育,目的是帮助施工人员学习防火、灭火、避难、危险品转移等各种安全疏散知识和应对方法,提高施工人员对火灾、爆炸发生时的心理承受能力和应变力。一旦发生突发事件,施工人员不仅可以沉稳地自救,还可以冷静地配合外界消防员做好灭火工作,把火灾事故损失降低到最低水平。

6.发生触电事故的应急措施及预案

触电急救的要点是动作迅速、救护得法,切不可惊慌失措、束手无策。要贯彻"迅速、就地、正确、坚持"的触电急救八字方针。发现有人触电,首先要尽快使触电者脱离电源,然后根据触电者的具体症状进行对症施救。

(1)将出现附近电源开关刀拉掉或将电源插头拔掉,以切断电源。

(2)用干燥的绝缘木棒、竹竿、布带等物将电源线从触电者身上拨离或者将触电者拨离电源。

(3)必要时可用绝缘工具(如带有绝缘柄的电工钳、木柄斧头以及锄头)切断电源线。

(4)救护人可戴上手套或在手上包缠干燥的衣服、围巾、帽子等绝缘物品拖拽触电者,使之脱离电源。

(5)如果触电者因痉挛手指紧握导线缠绕在身上,救护人可先用干燥的木板塞进触电者身下使其与地绝缘来隔断入地电源,然后再采取其他办法把电源切断。

(6)如果触电者触及断落在地上的带电高压导线,且尚未确证线路无电之前,救护人员不可进入断线落地点 8~10 m 的范围内,以防止跨步电压触电。进入该范围的救护人员应穿上绝缘靴或临时双脚并拢跳跃地接近触电者。触电者脱离带电导线后应迅速将其带至 8~10 m 以外,立即开始触电急救。只有在确保线路已经无电,才可在触电者离开触电导线后就地急救。

在使触电者脱离电源时应注意的事项如下:

(1)未采取绝缘措施前,救护人不得直接触及触电者的皮肤和潮湿的衣服。

(2)严禁救护人直接用手推、拉和触摸触电者;救护人不得采用金属或其他绝缘性能差的物体(如潮湿木棒、布带等)作为救护工具。

(3)在拉拽触电者脱离电源的过程中,救护人宜用单手操作,这样对救护人比较安全。

(4)当触电者位于高位时,应采取措施预防触电者在脱离电源后坠地摔伤或摔死(电击二次伤害)。

(5)夜间发生触电事故时,应考虑切断电源后的临时照明问题,以利于救护。

触电者未失去知觉的救护措施如下:

(1)应让触电者在比较干燥、暖和的地方静卧休息,并派人严密观察,同时请医生前来。

(2)若发现触电者呼吸困难或心跳失常,应立即施行人工呼吸及胸外心脏按压。

(3)对"假死"者的急救措施:当判定触电者呼吸和心跳停止时,应立即采用心肺复苏法就地抢救。方法如下:

①通畅气道。第一,清除口中异物。使触电者仰面躺在平硬的地方,迅速解开其领扣、围巾、紧身衣和裤带。如发现触电者口内有食物、假牙、血块等异物,可将其身体及头部同时侧转,迅速用一只手指或两只手指交叉从口角处插入,从口中取出异物,操作中要注意防止将导物推到咽喉深入。第二,采用仰头抬颏法畅通气道。操作时,救护人用一只手放在触电者前额,另一只手的手

指将其颏颌骨向上抬起,两只手协同将头部推向后仰,舌根自然随之抬起,气道即可畅通。为使触电者头部后仰,可于其颈部下方垫适量厚度的物品,但严禁用枕头或其他物品垫在触电者头下。

②口对口(鼻)人工呼吸。使病人仰卧,松解衣扣和腰带,清除伤者口腔内痰液、呕吐物、血块、泥土等,保持呼吸道通畅。救护人员一只手将伤者下颌托起,使其头尽量后仰,另一只手指捏住伤者的鼻孔,深吸一口气,对住伤者的口用力吹气,然后立即离开伤者口,同时松开捏鼻孔的手。吹气力量要适中,次数以每分钟 16~18 次为宜。

③胸外心脏按压。将伤者仰卧在地上或硬板床上,救护人员跪或站于伤者一侧,面对伤者,将右手掌置于伤者胸骨下段及剑突部,左手置于右手之上,以上身的重量用力把胸骨下段向后压向脊柱,随后将手腕放松,每分钟挤压60~80 次。在进行胸外心脏按压时,宜将伤者头放低以利静脉血回流。若伤者同时伴有呼吸停止,在进行胸外心脏按压时,还应进行人工呼吸。一般做四次胸外心脏按压,做一次人工呼吸。及时送往医院诊治。

7. 发生中毒事故应急措施及预案

食物中毒者口内有食物、假牙、血块等异物,可将其身体及头部同时侧转,迅速用一只手指或两只手指交叉从口角插入从口中取出异物,操作中注意防止将异物推到咽喉深入。采用仰头抬颏法畅通气道,操作时救护人用一只手放在中毒者前额,另一只手的手指将其颏颌骨向上抬起,两只手协同将头部推向后仰,舌根自然随之抬起,气道即可畅通。为使中毒者头部后仰,可在其颈部下方垫适量厚度的物品,但严禁用枕头或其他物品垫在中毒者头下,及时送就近有条件的医院治疗,并将其剩余食物及食堂样本一同送医院鉴别。

8. 重大交通事故应急措施及预案

(1)事件发生后,项目组立即组织自救队伍,迅速将伤者送往附近医院,并派人保护现场。及时拨打急救电话,并通知交警。

(2)做好事后人员的安抚、善后工作。

3.3.3　工程质量管理

推进全面质量管理,贯彻公司的质量方针,有效实施公司的质量管理体系,实现质量目标。制定严格的质量管理程序,明确项目经理是质量第一责任人。

项目经理部成立 QC 小组及质量检查机构配备专职质量检查员,施工队(组)设兼职质检员与施工技术人员等一道抓施工质量,各司其职、不能互相代替。加大宣传力度,增强质保意识,做到人人关心质量、重视质量。公司工程部定期检查、监督工程质量,确保工程质量达到目标。

3.3.3.1　工程质量管理

(1)施工前,应严格按照国家现行施工规范和验收评定标准组织编写实施性工程施工组织设计。

(2)认真组织学习执行有关规章制度,对全体员工进行质量意识教育,牢固树立"质量是企业的生命"和"为用户服务"的思想。

(3)按照 ISO9001 体系文件的要求建立质量保证组织体系,建立岗位责任制,并建立相应的台账,单位的领导要经常检查质量保证体系的运行情况。

(4)要根据专业特点制定本工程的质量管理重点,并成立 QC 小组,经常开展质量分析活动和劳动竞赛活动,做好记录。

3.3.3.2　材料质量保证措施

(1)对所有进场的原材料、半成品组织检查验收,建立台账。

(2)所有进场物资材料必须随材料进场提供合格的材质证明、出厂合格证和试验报告,确保不合格材料不能进入施工现场。

(3)对需要做复试的原材料,如水泥、钢材、钢筋、砂石料、各种附加剂、焊条、焊剂等,必须按照规定及时取样试验,并将试验报告向监理报验。

(4)对进场的物资必须进行标识,按照检验合格、检验不合格和待检验等三种状态进行分种类堆放,严格保管,保管中预防损坏变质。

(5)对不合格物质,坚决要求不准进场,同时要注明处理结果和材料去向。对不合格材料的处理,应建立台账。

3.3.3.3　机械设备保证措施

(1)综合考虑本合同工程的施工现场条件,合理选用各种安全、可靠的施工机械设备。机械设备数量不足时,提前调运,保证足够的施工机械。

(2)对操作人员实行定人定机,定岗定责。操作人员严格遵守操作规程,避免安全与质量事故的发生。

（3）对机械设备经常进行"五好"检查，即完成任务好、技术状态好、使用好、保养好、安全好。

3.3.3.4 试验质量保证措施

（1）对所试验项目必须建立台账，制定试验管理制度，如试验不合格，应及时向技术负责人及相关部门报告。

（2）对试验工作认真负责，试验取样工作中不弄虚作假，不敷衍应付，遵守职业道德，对工程的全部试验数据必须负责任，把好工程质量关。

（3）按规定及时对混凝土、砂浆随机取样，制作试块，每工作班坍落度测试不少于2次。

（4）按规定对钢筋等原材料进行取样试验。

（5）按规定对回填土分层、分部取样，做干密度试验。

3.3.3.5 管理目标措施

（1）实行质量目标管理，通过项目质量目标的设定，再将项目质量目标指标分解、细化，将质量目标指标分解至每一个现职人员，明确班组（个人）对目标指标所承当的责任内容、数量、时间、进度、实施要求等，落实到施工的每一道工序上。

（2）项目经理部必须遵循"精心组织、严格施工、成本预控、质量预控、一次成优"的原则。

（3）每道工序严格按照图纸、规范施工，按现行的试验标准进行检查，严格按质量管理程序进行过程检验。

（4）做到道道工序有人把关，个个项目有人验收，上一道工序验收合格，才能进行下一道工序。

（5）选用高精度检测设备，进行质量控制。主要检测设备要合理配套，符合本工程实际需要，定期检验工地使用的计量仪器，确保计量仪器完好精确。

（6）认真负责、实事求是地做好各种施工原始记录，定期进行汇总统计，做出质量动态分析，以利搞好质量管理工作，不断提高工程质量。

（7）积极配合监理工程师及其代表对工程的检验验收工作。明确质量检验总程序，严格按程序进行质量检验、质量控制。

(8)在工程施工中,坚持预防为主原则。对施工中常见的一些质量问题,在施工前要制订详细的预防措施和发生后补救措施。在质量管理中要将易出现质量问题的施工环节作为重点来抓,加强各级人员的责任心,确保工程质量达到目标值。

3.3.3.6 施工过程质量的控制措施

(1)施工过程中,原材料的控制措施:质量控制必须从原材料质量控制着手,不合格材料不得使用。

①严格选择材料厂商,必须是工程所需的合格材料,信誉等级要较高,供货质量比较可靠的供货商。

②无论是甲供材料,还是乙方自购,当质量不合格时,均不能盲目使用,如是甲供材料,以书面形式提请业主予以更换。

③将从进场材料质量、材料加工质量、合作态度、售后服务质量等方面进行控制。

④当进场材料质量出现不合格时,要求供应厂商予以调换或退货,如材料质量出现严重不合格,将考虑取消该厂商的供货资格。

⑤进场材料严格管理,防止材料出现后天性的不合格。材料进场时要按规定做好材料运输、储存工作,材料在运输、储存过程中不得混入杂物,不同等级、不同批次的水泥、掺和料等不得混杂,对有防潮要求的材料应做好防潮措施。

(2)技术人员、施工人员素质控制:保证工程质量不仅生产工人的技术素质要得到保障,而且技术管理人员的素质也要得到保证。

①公司委派进场施工人员,均持有主管机构颁发的上岗证,特殊人员必须持有特种操作证,否则不允许进场施工。管理人员须持证上岗,项目和质量安全员必须有相应的资质证书。

②加强对管理人员的考核。如管理人员在管理或技术上出现重大失误,造成重大质量事故,则对该管理人员解聘下岗。

③对不服从管理、不听指挥、工作不负责、在施工中出现质量事故或质量不稳定的职工进行教育、处理、清退的办法。在施工过程中确保队伍的素质,确保质量的保证。

④严格保持工人班组的稳定性和整体技术素质,不允许进场班组人员任意更换、调整或无限度膨胀。在班组的使用上充分发挥班组的特长,做到人尽其用。

(3)施工过程施工操作的控制措施:防止不合格工序产生,杜绝不合格工序流入下一过程,是施工过程操作质量控制的重要环节。

①质检员在工地现场,不停巡查检查,及时发现问题,及时纠正、制止,预防质量事故于萌芽状态。

②实行质量一票否决权制。只要经质检员检查出有质量问题,一律返工,并且一切后果由相关责任人员自负,并扣罚材料费,所对应的专业队长予以50~100元/人次的罚款。

③实行样板制。在大面积施工同一种材料时,先应做样板,经有关人员认可后,方可进行大面积施工,若有一方不认可,则必须重新做样板直至认可。

④实行质量检查制度。从公司到项目部,实行定期、不定期组织质量检查,开展"比、学、赶、超"创优活动,对所检查项目的工程质量进行评比打分,每次对得分最高和最低的进行奖罚。

⑤实行对项目随机抽查,若对施工质量有所怀疑并经查实,须立即就质量事故大小,当场对责任人按公司相关管理制度进行处罚,对任何人从不宽容,若整改不及时或对质量认识不够、屡教不改者可解聘下岗。

⑥高度重视质量工作,树立"质量就是企业的生命"的思想,增强质量意识,严格按照施工图、操作规程及质量评定标准组织施工。

⑦加强岗位责任制,贯彻"谁管质量、谁施工""谁施工、谁负责""谁操作、谁保证质量"的原则,严格实行工程质量与经济责任挂钩,用经济手段确保质量岗位责任制的实施。

⑧严格质量评比制度,认真做好自检、互检、交接检的"三检"制度,上道工序由班组长工长和质检员验收合格后,方可进行下道工序作业。

⑨认真实施技术责任制,严格按照施工规范进行施工,落实技术责任到各工长,认真贯彻施工组织及特殊技术措施。

⑩充分发挥各管理人员的职能作用。责任到人,经济利益挂钩,奖罚分明,做到人人有压力、有动力,使工程质量达到优良。

3.3.4 环境保护管理体系与措施

3.3.4.1 **管理体系**

根据《中华人民共和国环境保护法》,结合本工程实际情况,将环境保护工作作为该工程的重点工作,对环境保护采取必要的措施,使在施工期间施工地点一定范围内的社会环境受到的影响减低到最低程度。

1. 建立以项目经理为首的环境保护体系

确定体系中各岗位的责任与权限,制订一套完整的工作程序,并对所有参与体系工作的人员进行相应的培训。建立一支施工现场清洁队,每天负责施工现场及周围区域内清洁卫生,并洒水降尘。定期进行"施工现场环保"工作会议,总结前一阶段环保工作的经验与不足,落实下一阶段环保工作计划。建立并执行环保工作检查制度,并做好检查记录,各种环保隐患落实到人。

2. 防止水土流失和废料废方处理

防水排水,在工程施工期间应始终保持工地的良好排水状态,修建必要的临时排水渠道,并与永久性排水设施相连接,且不得引起淤积和冲刷。如因未设置足够的排水设施致使土方工程遭受破坏时,其责任由承包人自负。

废料废方的处理,清理场地的废料和土石方工程的废方处理,不得向江河和专门堆放地以外的地方倾倒。应按图纸规定或监理工程师的指示在适当地点设置弃土场,有条件时,力求少占土地,并对弃土进行整治利用。当设置弃土堆时,应按相关规定执行。挖方工程弃土场地,应采取以下水土保持措施:废方堆放点应统筹安排,堆放点应远离河道,尽量不要压盖植被,尽可能选择荒地。

及时对弃方进行压实,并在其表面进行植被覆盖,可以种植草皮、灌木或树木,达到防止水土流失、美化环境的目的。尽可能对弃土方加以整治后用作耕地。弃渣点应选择植被稀疏的荒地,弃渣的下部和边角宜砌筑拦渣坝或墙,以防止水土流失。

3. 防止和减轻水、大气污染

保护水质,施工废水、生活污水不得直接排入农田、耕地。严禁排入饮用水源。工程施工区域、砂石料场,含有沉积物的操作用水,应采取过滤、沉淀池处理或其他措施,做到达标排放。施工期间,施工物料如油料、化学品应堆放管理严格,防止在雨季或暴雨时将物料随雨水径流排入地表及附近水域造成污染。施工机械应防止严重漏油,禁止机械在运转中产生的油污水未经处理就直接排放,或维修施工机械时油污水直接排放。

控制扬尘,为减少工程施工作业产生的灰尘,在施工区域内应随时进行洒水或其他抑尘措施,使不出现明显的降尘。易于引起粉尘的细料或松散料应遮盖或适当洒水润湿。运输时应用帆布、盖套及类似遮盖物覆盖。

减少噪声、废气污染,各种临时设施和场地如堆料场、加工厂等距居民区不小于 300 m,而且应设于居民区主要风向的下风处。使用机械设备的工艺操作,要尽量减少噪声、废气等的污染;建筑施工场地的噪声应符合《建筑施工场界环境噪声排放标准》(GB 12523—2011)的规定,并应遵守当地有关部门对夜间施工的规定。如果承包人预防措施不力,并已对邻近区域的环境卫生造成了危害,由此产生的一切损失及后果,应由承包人负责。

保护绿色植被,应尽量保护工程用地范围之外的现有绿色植被,若因修建临时工程破坏了现有的绿色植被,应负责在拆除临时工程时予以恢复。施工期间工程破坏植被的面积应严格控制,除不可避免的工程占地、砍伐外,不应再发生其他形式的人为破坏。

4. 环保目标

所有施工生产活动符合《中华人民共和国环境保护法》,并达到国家和地方有关环境保护、水土保持的规定。控制施工污染及噪声排放、粉尘排放,减少污水;严格控制水土流失;最大限度节约能源、资源,降低消耗;所有项目确保环保验收一次通过。

3.3.4.2　水土及生态环境的保护措施

(1)严格遵守国家有关环境保护法令,施工中将严格控制施工污染,减少污水、粉尘及空气、噪声污染,严格控制水土流失,维护生态平衡。

(2)施工期间,对环境保护工作应全面规划,综合治理,采取一切可行措施,将施工现场周围环境的污染减至最小程度。

(3)施工所产生的建筑垃圾和废弃物质,如清理场地的表层腐殖土、淤泥、杂草、废料等,应根据各自不同的情况,分别按业主的要求进行处理,不得任意弃置。

(4)在施工活动界限之外的植物及建筑物,必须尽量维持原状。不得将有害物质污染周边土地及河流。

(5)工地生活区范围内备有临时的生活污水汇集处理设施,不得将有害物质和未经处理的污水直接排入河流。

(6)生产和生活区内,在醒目地方悬挂保护环境卫生标语,以提醒各施工人员注意。生活区内垃圾定点堆放,及时清理,并将其运至业主指定的地点进行掩埋或焚烧处理。生活和施工区内,设置足够的临时卫生设施,及时清扫。

(7)对施工道路占用的临时用地,施工完成后应及时予以清理,做好绿化环保工作,努力恢复使用前的面貌。

(8)施工道路上应进行必要的洒水养护,使来往车辆所产生的灰尘公害减至最低程度。

3.3.4.3 大气环境保护及粉尘的防治

(1)在设备选型时选择低污染设备,安装空气污染控制系统。

(2)在运输水泥、砂、石、土等易飞扬物料时用篷布覆盖严密,所有运输车辆应做好防渗漏措施,避免材料洒落在运输沿线道路上。

3.3.4.4 生产、生活垃圾的管理

(1)施工营地和施工现场的生活垃圾,集中堆放。

(2)施工和生活中的废弃物经当地环保部门同意后,运至指定地点堆放。

(3)有害物质应选择合适地点集中堆放,并在征得当地环保部门的批准后进行掩埋等处理。

(4)工程完工后,及时彻底进行现场清理,并按设计要求采用植被覆盖或其他处理措施。

3.3.4.5 完工后的场地清理

除合同另有规定外,在工程完工后的规定期限内,拆除施工临时设施,清除施工区和生活区及其附近的施工废弃物,并将清理出的废弃物、垃圾堆运至监理工程师指定的渣场,按业主和监理工程师审批的环境保护措施计划完成环境恢复。

3.3.5　施工组织优选

3.3.5.1　建立层次结构模型

层次分析法通过分析复杂问题包含的因素及其各因素之间的相互联系，将复杂的问题分解为不同因素之间的相关关系，并将这个因素归为不同的层次，从而形成多层次结构。按照层次分析法的先分解后综合的系统思想，以优化施工组织为总目标，将其分解为不同的组成因素，按照要素间的相互关系，进行不同层次的聚集组合，形成一个多层次分析结构模型。

结合工程施工组织中的实际情况，确定施工组织中最重要的三个要素为安全管理、工程质量管理和环境保护管理，即确定准则层为安全管理、工程质量管理和环境保护管理。安全管理从安全制度、安全教育、安全工作和安全检查 4 个方面考虑；工程质量管理从质量工作、技术工作、保障工作和激励工作 4 个方面考虑；环境保护管理从规章制度、环保教育和监督管理三个方面考虑。结合以上分析，从安全管理、工程质量管理和环境保护管理方面对 CO1、CO2、CO3 三个施工组织方案进行评价分析，建立施工组织层次结构模型，如表 3-46 所示。

表 3-46　施工组织优化层次结构模型

目标层 U	准则层 B	要素层 C
施工组织	安全管理 B_1	安全制度 C_1
		安全教育 C_2
		安全工作 C_3
		安全检查 C_4
	工程质量管理 B_2	质量工作 C_5
		技术工作 C_6
		保障工作 C_7
		激励工作 C_8
	环境保护管理 B_3	规章制度 C_9
		环保教育 C_{10}
		监督管理 C_{11}

目标层 U:施工组织设计。

准则层 B:安全管理、工程质量管理和环境保护管理。

要素层 C:安全制度、安全教育、安全工作、安全检查、质量工作、技术工作、保障工作、激励工作、规章制度、环保教育、监督管理。

方案层:CO1、CO2、CO3 三个施工组织方案。

3.3.5.2 准则层对目标层判断矩阵的建立

在进行施工组织优化时主要考虑各个公司的安全管理、工程质量管理和环境保护管理的能力。安全管理是施工的前提和保障,明显重要;工程质量管理是工程的核心,非常重要;环境保护管理是工程不可或缺的一项,也重要。

在施工组织中,从保证工程质量、人员安全和环境保护 3 个方面,对准则层的 3 个指标相对于施工组织的比重,通过业主单位和施工单位有关专家评定,各指标进行两两比较,构造出判断矩阵,采用层次分析法确定其权重,结果如表 3-47 所示。

表 3-47 施工组织的判断矩阵及权重

$M-U$	B_1	B_2	B_3	ω
B_1	1/1	1/7	3/1	0.148 8
B_2	7/1	1/1	9/1	0.785 4
B_3	1/3	1/9	1/1	0.065 8

经过分析,计算 $\lambda_{\max} = 3.083$,$CI = 0.040\ 1$,取 $RI = 0.58$,计算得到 $CR = 0.069\ 2 < 0.1$,满足一致性检验。

3.3.5.3 建立要素层对准则层的判断矩阵及相关计算

1. 安全管理

安全管理是为了实现"五杜绝、三消灭、二控制、一创建"的安全目标。

五杜绝:杜绝因工死亡事故,杜绝多人重伤大事故,杜绝重大机械事故,杜绝重大交通事故,杜绝重大水灾事故。

三消灭:消灭违章指挥,消灭违章作业,消灭惯性事故。

二控制:年重伤率控制在 0.5‰以下,年负伤率控制在 6‰以下。

一创建:创建安全质量标准化工地。

通过安全工作、安全检查、安全教育以及安全制度 4 方面考核安全管理的能力。安全工作的内容包括防交通事故、防不良地质、爆破作业安全和防高处坠落等,非常重要;安全检查以定期检查和不定期检查为主,目的是消除事故隐患,明显重要;安全教育包括系统安全教育、广播及黑板报和三工教育等,目的是提高安全意识,稍微重要;安全制度包括安全管理措施和安全奖惩条例等,稍微重要。通过业主单位和施工单位有关专家评定,各指标进行两两比较,构造出判断矩阵,采用层次分析法确定其权重,计算结果如表 3-48 所示。

表 3-48　安全管理的判断矩阵及权重结果

$B-C$	C_1	C_2	C_3	C_4	ω
C_1	1/1	1/1	1/7	1/5	0.068 5
C_2	1/1	1/1	1/7	1/5	0.068 5
C_3	7/1	7/1	1/1	3/1	0.580 0
C_4	5/1	5/1	1/3	1/1	0.283 0

经过分析,计算 λ_{max} = 4.073 2,CI = 0.024 4,取 RI = 0.89,计算得到 CR = 0.027 4 < 0.1,满足一致性检验。

2. 工程质量管理

通过质量工作、技术工作、保障工作和激励工作 4 个方面评判工程质量管理的能力。质量工作包括工序质量良好、分项工程合格率达到 100%、质量资料齐全等,非常重要;技术工作包括技术方案的优化、施工技术的改良等,明显重要;保障工作包括设备保障、物资保障、资金保障和生活保障等,稍微重要;激励工作包括实行质量奖罚制、科技进步奖励制等,稍微重要。通过业主单位和施工单位有关专家评定,各指标进行两两比较,构造出判断矩阵,采用层次分析法确定其权重,计算结果列于表3-49。

表3-49　工程质量管理的判断矩阵及权重结果

$B-C$	C_5	C_6	C_7	C_8	ω
C_5	1/1	3/1	5/1	5/1	0.567 6
C_6	1/3	1/1	7/3	7/3	0.223 8
C_7	1/5	3/7	1/1	1/1	0.104 3
C_8	1/5	3/7	1/1	1/1	0.104 3

经过分析,计算 $\lambda_{max} = 4.014\ 2$,$CI = 0.004\ 7$,取 $RI = 0.89$,计算得到 $CR = 0.005\ 3 < 0.1$,满足一致性检验。

3.环境保护管理

通过监督管理、规章制度和环保教育3个方面评判环境保护管理的能力,监督管理包括监督整个施工过程中的环保工作、解决出现的环保问题等,非常重要;规章制度包括制订环保、水土保持措施和方案,明显重要;环保教育包括开展环保、水土保持知识的培训和考核,稍微重要。通过业主单位和施工单位有关专家评定,各指标进行两两比较,构造出判断矩阵,采用层次分析法确定其权重,计算结果列于表3-50。

表3-50　环境保护管理的判断矩阵及权重结果

$B-C$	C_9	C_{10}	C_{11}	ω
C_9	1/1	3/1	1/5	0.188 4
C_{10}	1/3	1/1	1/7	0.081 0
C_{11}	5/1	7/1	1/1	0.730 6

经过分析,计算 $\lambda_{\max}$ = 3.064 9,CI = 0.032 4,取 RI = 0.58,计算得到 CR = 0.055 9 < 0.1,满足一致性检验。

3.3.5.4　指标量化及评价标准的建立

1. 指标量化

安全管理准则层包括安全制度、安全教育、安全工作和安全检查 4 个要素。安全制度以安全管理措施和条例数目进行表达;安全教育次数通过每个月安全教育会议的次数体现,安全工作为每年的事故数量;安全检查以考核完成度来表达。CO1、CO2、CO3 三个施工组织的安全管理量化数据如表 3-51 所示。

表 3-51　安全管理的量化数据

B_1	CO1	CO2	CO3
安全制度 C_1	66	47	52
安全教育 C_2	6	3	5
安全工作 C_3	1	4	2
安全检查 C_4	98%	93%	96%

工程质量管理准则层包括质量工作、技术工作、保障工作和激励工作 4 个要素。质量工作以优、良、中、差 4 个等级表示,将这四级定量的指标定性化表示分别为 4、3、2、1;技术工作通过近 3 年申请技术奖项数目来体现;保障工作以生活保障、物资保障等在总资金的占比来表示;激励工作以奖励资金占总资金的比重来体现。CO1、CO2、CO3 三个施工组织的工程质量管理量化数据如表 3-52 所示。

表 3-52　工程质量管理的量化数据

B_2	CO1	CO2	CO3
质量工作 C_5	优	优	良
技术工作 C_6	7	4	4
保障工作 C_7	20%	23%	17%
激励工作 C_8	2%	1.5%	1.2%

　　环境保护管理准则层包括规章制度、环保教育和监督管理 3 个要素。规章制度以环保措施和条例来表示；环保教育通过每个月安环保教育会议的次数体现；监督管理以环保要求完成度来表示。CO1、CO2、CO3 三个施工组织的工程质量管理量化数据如表 3-53 所示。

表 3-53　环境保护管理的量化数据

B_3	CO1	CO2	CO3
规章制度 C_9	22	28	19
环保教育 C_{10}	2	1	3
监督管理 C_{11}	87%	82%	92%

2. 建立评价标准

　　依据施工管理经验，按照四级评价标准Ⅰ、Ⅱ、Ⅲ、Ⅳ，确定施工组织的评价标准如表 3-54 所示。

表 3-54　施工组织的评价标准

B	C	单位	I (0.75~1)	II (0.5~0.75)	III (0.25~0.5)	IV (0~0.25)
B_1	C_1	个	>60	50~60	40~50	<40
	C_2	次/月	>6	4~6	2~4	<2
	C_3	次/年	<1	1~2	2~3	>3
	C_4	%	>98	96~98	94~96	92~94
B_2	C_5	—	优 4	良 3	中 2	差 1
	C_6	项	>4	3~4	2~3	<2
	C_7	%	19~21	17~19	15~17	<15
	C_8	%	1.8~2.1	1.5~1.8	1.2~1.5	0.9~1.2
B_3	C_9	条	30~35	25~30	20~25	15~20
	C_{10}	次/月	>3	2~3	1~2	<1
	C_{11}	%	90~95	85~90	80~85	75~80

3.3.5.5　模糊综合评价

1. 隶属度的计算

按照第 2 章中隶属度的计算公式, 计算隶属度结果列于表 3-55。

表 3-55   要素层中各要素的隶属度计算结果

U	C	CO1	CO2	CO3
	C_1	1	0.43	0.55
	C_2	0.75	0.38	0.63
B_1	C_3	0.75	0	0.5
	C_4	0.75	0.13	0.5
	C_5	1	1	0.75
	C_6	1	0.75	0.75
B_2	C_7	0.88	1	0.5
	C_8	0.92	0.5	0.25
	C_9	0.35	0.65	0.2
B_3	C_{10}	0.5	0.25	0.75
	C_{11}	0.6	0.35	0.85

2. 模糊计算

按照模糊计算准则,构建安全管理层模糊判断矩阵 E_1:

$$E_1 = \begin{pmatrix} 1 & 0.43 & 0.55 \\ 0.75 & 0.38 & 0.63 \\ 0.75 & 0 & 0.5 \\ 0.75 & 0.13 & 0.5 \end{pmatrix}$$

根据层次分析法计算的安全管理准则层各要素权重,构建权向量 $\boldsymbol{\omega}_1 =$
$(0.068\ 5 \quad 0.068\ 5 \quad 0.580\ 0 \quad 0.283\ 0)^{\mathrm{T}}$,进行模糊运算得到二级模糊判断

矩阵如下：

$$\boldsymbol{e}_1 = (0.767\ 1\quad 0.092\ 3\quad 0.512\ 3)$$

同理构建工程质量管理层模糊判断矩阵 $\boldsymbol{E}_2$、权向量 $\boldsymbol{\omega}_2$，并进行模糊计算得到二级模糊判断矩阵 $\boldsymbol{e}_2$ 如下：

$$\boldsymbol{E}_2 = \begin{pmatrix} 1 & 1 & 1 \\ 1 & 0.75 & 0.75 \\ 0.88 & 1 & 0.5 \\ 0.92 & 0.5 & 0.25 \end{pmatrix}$$

$$\boldsymbol{\omega}_2 = (0.567\ 5\quad 0.228\ 3\quad 0.104\ 3\quad 0.104\ 3)^{\mathrm{T}}$$

$$\boldsymbol{e}_2 = (0.983\ 5\quad 0.895\ 2\quad 0.675\ 1)^{\mathrm{T}}$$

构建环境保护管理层模糊判断矩阵 $\boldsymbol{E}_3$、权向量 $\boldsymbol{\omega}_3$，并进行模糊计算得到二级模糊判断矩阵 $\boldsymbol{e}_3$ 如下：

$$\boldsymbol{E}_3 = \begin{pmatrix} 0.35 & 0.65 & 0.2 \\ 0.5 & 0.25 & 0.75 \\ 0.6 & 0.35 & 0.85 \end{pmatrix}$$

$$\boldsymbol{\omega}_3 = (0.188\ 4\quad 0.081\ 0\quad 0.730\ 6)^{\mathrm{T}}$$

$$\boldsymbol{e}_3 = (0.544\ 8\quad 0.398\ 4\quad 0.719\ 4)^{\mathrm{T}}$$

将二级模糊判断矩阵进行重组构建二级模糊判断矩阵 $\boldsymbol{F}$：

$$\boldsymbol{F} = (\boldsymbol{e}_1 \quad \boldsymbol{e}_2 \quad \boldsymbol{e}_3) = \begin{pmatrix} 0.767\ 1 & 0.092\ 3 & 0.512\ 3 \\ 0.983\ 5 & 0.895\ 2 & 0.675\ 1 \\ 0.544\ 8 & 0.398\ 4 & 0.719\ 4 \end{pmatrix}$$

根据层次分析法计算的施工组织目标层准则层中各指标的权重，构建权向量 $\boldsymbol{\omega} = (0.148\ 8\quad 0.785\ 4\quad 0.065\ 8)^{\mathrm{T}}$，进行模糊运算得到评判结果如下：

$$\boldsymbol{Z} = (0.922\ 5\quad 0.743\ 0\quad 0.658\ 3)$$

经过模糊综合评价，结果表明，CO1、CO2、CO3 三个施工组织方案的综合评价结果分别为 0.922 5、0.743 0 和 0.658 3。

3. 优选施工组织设计

按照料场优选评价标准(详见表 2-4),对 3 个施工组织设计综合评价结果进行分析,分析结果如表 3-56 所示。

表 3-56　施工组织设计的优选结果

评价标准	I 优	II 良	III 中	IV 差	优选结果
等级标准	0.75~1	0.5~0.75	0.25~0.5	0~0.25	
CO1	0.922 5				优
CO2		0.743 0			良
CO3		0.658 3			良

从表 3-56 分析结果表明,CO1、CO2、CO3 三个施工组织方案的评价结果分别是优、良和良,CO1 施工组织设计强调了管理能力,注重安全管理,在进行工程施工时优先采用了 CO1 施工组织方案。从工程建设实施结果表明,该施工组织设计方案有效保证了工程实施的质量、进度和安全,运用层次分析法和模糊综合方法对施工组织设计方案进行优选是合理、可行的。

3.3.6　结论

综上所分析,对 CO1、CO2、CO3 施工组织设计方案进行了优选,采用层次分析法建立层次结构模型,选择安全管理、工程质量管理和环境保护管理建立准则层,其中安全管理的要素层分别为安全制度、安全教育、安全工作和安全检查,工程质量管理的要素层选择了质量工作、技术工作、保障工作和激励工作,环境保护管理的要素层选择了规章制度、环保教育和监督管理,建立了由 1 个目标层和 3 个准则层共 11 个要素构成了层次结构模型,分别对 CO1、

CO2、CO3 三个施工组织方案进行层次分析,得出准则层(安全管理、工程质量管理和环境保护管理)对目标层的权向量分别为 0.148 8、0.785 4、0.065 8,要素层对目标层的权向量分别为 0.068 5、0.068 5、0.580 0、0.283 0、0.567 6、0.223 8、0.104 3、0.104 3、0.188 4、0.081 0、0.730 6,采用模糊综合评价法计算,CO1、CO2、CO3 三个施工组织方案的计算评价结果分别为 0.922 5、0.743 0、0.658 3,最终确定 CO1 施工组织方案为最优方案。

第4章　结论与展望

4.1　结　论

(1)综合运用了层次分析法和模糊综合评价法,对不同水库治理的料场进行了优选,并优选了施工组织方案。

层次分析法能有效将复杂问题简单化,使得分析思路清楚可循,系统化、数学化和模型化的思维方式来装备系统分析人员,为问题的解决提供了更加科学的依据。这种方法主要用于分析多层次、多准则、多目标的复杂问题,广泛用于经济问题、工程问题、社会问题、科学技术成果评比、科学管理等问题;当一个决策具有多种属性,且受到具有层次关系或有明显类别划分的多个要素的影响,同时由于数据不足,在进行各指标评价时无法直接进行量化计算时,层次分析法就体现出其优势所在,信息贫,样本小,定量分析的数据不多,但却可以具体而且明确地反映出所包含问题的各个因素的权重关系。

模糊综合评价法解决实际问题时,能够有效解决模糊的概念难以量化的难题,把定性的评价转化为定量的评价,结果清晰、系统性强,运用领域广,综合评价性高。

(2)水利工程中水库治理料场的选择受储量、材料单价、运费、运距、质量和环境保护费等多个要素制约,而不是单纯的数量问题,根据基本建设管理体制、沿线可能料场、生态环境和建筑物布置情况等因素,用层次分析法对料场选择进行多方案比较,进行了总目标矩阵、判断矩阵的一致性检验,最终确定各方案在加固料场选择中的权重,为决策者提供了非常有参考价值的依据。施工组织能力体现在安全管理、工程质量管理、环境等方面,根据实际的管理制度、实施方案等,采用层次分析法进行多方案比较,进行了总目标矩阵、判断矩阵的一致性检验,最终确定各方案在加固料场选择中的权重,为决策者提供了非常有参考价值的依据。

(3)工程实践1:A水库料场优选。

在土料场选择中,对C_1、C_2、C_3、和C_4(分别对应东Ⅰ区、东Ⅱ区、西Ⅰ区和西Ⅱ区)4个料场进行了优选分析,分别考虑了储量、运费、土料单价、质量和环境保护费共5个主要影响要素,通过建立总目标矩阵、判断矩阵,进行模糊综合评价,结果表明,土料场C_2(东Ⅱ区)为复建水库的土料场最优方案,土料场C_3为次优方案(或备用土料场)。

砂石料场选择中,对C_1、C_2、C_3和C_4(分别对应Ⅰ区、Ⅱ区、Ⅲ区和Ⅳ区)4个料场进行优选分析,分别考虑了储量、运费、砂石料单价和环境保护费4个主要影响要素,通过建立总目标矩阵、判断矩阵,进行模糊综合评价,优选了砂石料场C_4(Ⅳ区),砂石料场C_2(Ⅱ区)为次优方案(或备用砂石料场)。

块石料场选择中,对C_1、C_2、C_3 3个料场进行了优选分析,分别考虑了块石料场的储量、运距、块石料单价和质量4个主要影响要素,通过建立总目标矩阵、判断矩阵,进行模糊综合评价,选择块石料场Ⅰ区和Ⅱ区任一个都可以作为最优方案,另一个作为备选方案。

(4)工程实践2:B水库料场优选。

土料场选择中,对C_1、C_2、C_3和C_4 4个料场(分别对应土料场1、土料场2、土料场3和土料场4)进行了优选分析,分别考虑了储量、运距、土料单价和环境保护费4个主要影响要素,通过建立总目标矩阵、判断矩阵,进行模糊综合评价,优选了土料场C_4(土料场4),土料场C_2(土料场2)为次优方案(或备用土料场方案)。

砂石料场选择中,对C_1、C_2、C_3和C_4(分别对应砂石料场1、砂石料场2、砂石料场3和砂石料场4)4个料场进行了优选分析,分别考虑了储量、运费、砂石料单价和环境保护费4个主要影响要素,通过建立总目标矩阵、判断矩阵,进行模糊综合评价,优选砂石料场C_2(砂石料场2)为最优方案,次优方案为砂石料场C_3(砂石料场3)。

块石料场选择中,对C_1、C_2和C_3(分别对应块石料场1、块石料场2和块石料场3)3个料场进行了优选分析,分别考虑了储量、运费、块石料单价和质量 4 个因素,通过建立总目标矩阵、判断矩阵,进行模糊综合评价,优选了块石料场 C_2(块石料场 2)。

(5)施工组织设计方案优选论证。

对 CO1、CO2、CO3 施工组织设计方案进行优选分析,分别考虑安全管理、工程质量管理和环境保护管理 3 个准则,安全制度、安全教育、安全工作、安全检查、质量工作、技术工作、保障工作、激励工作、规章制度、环保教育、监督管理 11 个要素,通过建立总目标矩阵、判断矩阵,进行模糊综合评价,优选了 CO1 施工组织方案。

4.2　展　望

运用层次分析法、模糊综合评价法在解决问题时,存在以下几方面的局限性:

(1)只能从已提供的方案中选择最优,而不能形成新的方案。

(2)从比较、判断直至计算结果都是近似的,不适合计算精度要求高的问题。

(3)建立层次结构模型时考虑的指标的全面性不足。

(4)在构造比较矩阵时,人为主观因素的影响比较大。

(5)采用不同的隶属度计算公式,隶属度结果不同,其评价结果也相应地存在一定的差异。

针对以上问题,在建立层次结构模型时,需要更细致地考虑各要素层中的各个影响要素及其量化数据的合理、准确性,在隶属度计算时,同一个问题要采用相同的隶属度计算公式,不可中途变换,以免影响评价结果。

参 考 文 献

[1] 王小二, 李玉珠. 水电工程料源选择与料场开采设计规范浅析[J]. 水电站设计, 2011, 27(3): 46-51.

[2] 王淼. 试析水利工程建设中对砂石料场的选择[J]. 民营科技, 2014(2): 158.

[3] Pratap S, Kumar M B, Saxena D, et al. Integrated scheduling of rake and stockyard management with ship berthing: a block based evolutionary algorithm[J]. International Journal of Production Research, 2016, 54(14): 4182-4204.

[4] 安利平, 陈增强, 袁著祉. 基于粗集理论的多属性决策分析[J]. 控制与决策, 2005, 20(3): 294-298.

[5] 马云东, 朱柏石. 多目标多阶段决策问题的最优化方法[J]. 系统工程理论与实践, 1990, 10(1): 13-17, 35.

[6] 况礼澄, 刘勇, 郁钟铭. 缓倾斜煤层矿井开采系统设计方案优化模型[J]. 贵州工学院学报, 1994, 23(1): 60-66.

[7] 王玉浚. 矿区可持续发展中有待进一步探讨的几个问题[J]. 煤, 1999(3): 4-7.

[8] 徐泽水. 层次分析中判断矩阵排序的新方法——广义最小平方法[J]. 系统工程理论与实践, 1998, 18(9): 38-43.

[9] 吴祈宗, 李有文. 层次分析法中矩阵的判断一致性研究[J]. 北京理工大学学报, 1999, 19(4): 502-505.

[10] 梁杰, 侯志伟. AHP法专家调查法与神经网络相结合的综合定权方法[J]. 系统工程理论与实践, 2001, 3(3): 59-63.

[11] 吴文平, 申明亮, 李锋. 乌江洪家渡面板堆石坝料场优化研究[J]. 水利水电快报, 2003(19): 9-11.

[12] 李刚, 孟遂民, 秦红玲. 基于熵权的料场方案模糊多属性优选研究[J]. 水力发电, 2005, 31(4): 25-27.

[13] 左永林, 陈新, 李艳玲. 砂石骨料开采方案的模糊综合评价[J]. 水电站设计, 2005(1): 33-35.

[14] 刘凌霞. 基于粗糙集理论属性重要性的离散化算法[J]. 广西轻工业, 2007(10): 75-76.

[15] 文宁. 水电站工程砂石料场优化选择[J]. 西北水电, 2008(3):23-26.

[16] 朱波, 张辉. 层次分析法在水利水电工程后评价工作中的应用[J]. 水利建设与管理, 2009, 29(1):9-11.

[17] 王力平. 模糊层次分析法在实际工程中的应用[J]. 山西建筑, 2009, 35(23):209-210.

[18] 叶珍. 基于 AHP 的模糊综合评价方法研究及应用[D]. 广州:华南理工大学, 2010.

[19] 卢文喜, 李迪, 张蕾, 等. 基于层次分析法的模糊综合评价在水质评价中的应用[J]. 节水灌溉, 2011(3):43-46.

[20] 申志东. 运用层次分析法构建国有企业绩效评价体系[J]. 审计研究, 2013(2):106-112.

[21] 吴后建, 但新球, 刘世好, 等. 湖南省国家湿地公园保护价值评价[J]. 应用生态学报, 2017, 28(1):239-249.

[22] 丁晓唐, 覃牧, 崔恩豪. 白鹤滩水电站料场补充开采规划优选设计[J]. 水利水电科技进展, 2018, 38(5):43-47.

[23] 郑玉萍, 黄骁卓, 林健, 等. 天津市水资源节约评价方法与实例[J]. 中国水利, 2018(17):13-17.

[24] 李嘉第. AHP-模糊综合评价模型在节水型社会建设后评价中的应用[J]. 人民珠江, 2019, 40(1):12-19.

[25] 马海滕. 长三角城市群主要活动断裂与地壳稳定性评价[D]. 北京:中国地质大学, 2020.

[26] Kao Chiang, Lee Hong Tau. A multicriteria approach for material yard planning[J]. Journal of Mult-Criteria Decision Analysis, 1997, 6(5):272-282.

[27] 赵世隆. 大花水水电站料场选择及砂石加工系统可行性研究设计[J]. 贵州水力发电, 2005(5):19-23.

[28] 刘淑芳, 孙楠, 李志伟. 达维水电站料源选择[J]. 四川水利, 2017, 38(5):57-60.

[29] 谭建平. 向家坝水电站混凝土骨料料源选择[J]. 中国水利, 2006(6):51-53.

[30] 孙萍, 林强光. 长洲水利枢纽混凝土骨料料场选择[J]. 红水河, 2011, 30(3):18-21, 25.

[31] 李太成, 余奎, 常作维, 等. 大型水电工程混凝土骨料料源选择的思考[J]. 水力发电, 2011, 37(10):48-50, 60.

[32] 包俊, 李新宇, 吕国轩, 等. 龙开口水电站白云岩混凝土骨料料源选择和加工运输方

案研究[J].水力发电,2013,39(2):39-42.

[33] 王团乐,刘冲平,郝文忠,等.乌东德大坝混凝土骨料料源选择勘察研究[J].人民长江,2014,45(S2):144-146,168.

[34] 张慧霞.玉瓦水电站混凝土骨料料源选择[J].中国水能及电气化,2014(9):23-27.

[35] 刘淑芳,杨堉果.马马崖水电站料场选择及规划开采设计研究[A].中国环境出版社.中国碾压混凝土筑坝技术2015[C].中国水力发电工程学会,2015:125-130.

[36] 胡宇峰,田富银,许晖.鱼枧水库工程料场选择分析[J].中国水利,2020(S1):97-98.

[37] 伍柏华.水利水电工程施工组织设计研究[J].中国西部科技,2008(13):19,16.

[38] 舒展强.武都水库工程料场开采的规划与控制[J].中国水运(下半月),2009,9(12):122-124.

[39] 张同港,刘延科,陈时彬.杨东河水利枢纽大坝工程烧棒溪料场规划及开采[J].中国西部科技,2010,9(20):3-5.

[40] 涂祖卫.关于水利工程施工组织设计的优化分析[J].黑龙江水利科技,2012,40(9):219-220.

[41] 王宗海.水利工程施工组织设计的优化分析[J].水利技术监督,2016,24(2):41-42,85.

[42] 马志民.水利工程施工组织设计中存在的问题分析[J].科技创新与应用,2012(14):143.

[43] 杨齐.水利水电工程施工项目质量管理中的问题及对策分析[J].工程技术研究,2020,5(8):201-202.